Wolfgang Schlottke
Hans J. Schmidt

Prof. Dr. Brian Teaser

STATIONENLERNEN
„RUND UM DEN KREIS"

2. unveränderte Auflage

KOPIERVORLAGEN
ZUR KREISFLÄCHEN-
BERECHNUNG

Aulis Verlag Deubner

Bibliografische Information Der Deutschen Bibliothek

Die Deutsche Bibliothek verzeichnet diese Publikation in der Deutschen Nationalbibliografie;
detaillierte bibliografische Daten sind im Internet über <http://dnb.ddb.de> abrufbar.

Best.-Nr. 5150
© Alle Rechte bei AULIS VERLAG DEUBNER, Köln, 2004
Printed in Poland
ISBN 3-7614-2433-7

INHALTSVERZEICHNIS

DIDAKTISCH - METHODISCHE HINWEISE

Diesem Stationenlernen liegen verschiedene methodische Konzepte zugrunde.
Die Stationen 1 - 4 und 6 - 8 benutzen im Prinzip einen Grenzübergang für $n \to \infty$,
also das Prinzip der vollständigen Induktion. Auch wenn diese in der Sekundarstufe I
nicht durchführbar ist, so sollte man doch auf keinen Fall darauf verzichten, den Grenzübergang zumindest anzudeuten, zumal es in der Mathematik der Sekundarstufe I
Grenzübergänge selten gibt, weil das Thema »Folgen und Reihen« aus dem Lehrplan
herausgenommen wurde.
Am einfachsten ist der Grenzübergang bei den Parcours 1 und 2 durchzuführen.

Parcours 2:

Hier benutzt man am besten die Zeichnung mit dem Viertelkreis, die man günstiger Weise
auf Folie zieht. Durch Halbierung des Rechtecks A_9 und der anschließenden Kreisabschnitt-
hälfte erzeugt man weitere Rechtecke. Hier lässt sich durch die Schraffuren einsichtig
machen, welche Flächenteile zur vorigen »Zackenfläche« hinzuaddiert werden, so dass
sich diese Fläche besser an den Kreis von innen her anschmiegt.

Man sieht dann schnell ein, dass bei
weiterer Unterteilung des Kreisradius
in $\frac{r}{30}$, $\frac{r}{40}$, usw. die innere »Zackenfläche« – wenn die Unterteilung nur
genügend fein ist – ganz allmählich in
die Kreisfläche übergeht. Da n von den
Schülern und Schülerinnen nicht
als unendlich gedacht werden kann,
bleibt für sie immer noch ein winziges
Stückchen der »Zackenfläche« übrig,
um die die »Zackenfläche« kleiner als
die Kreisfläche ist. Die Kreisfläche wird
also immer etwas größer bleiben. Der

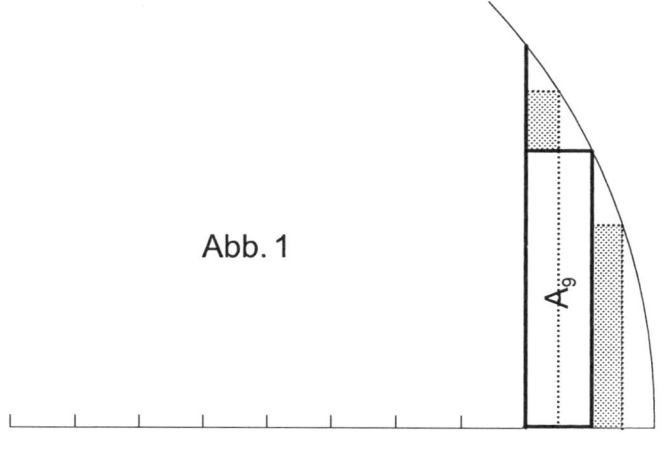

Abb. 1

Denkvorgang bis hierher ist aber völlig ausreichend, um das Problem erkannt zu haben.

Parcours 1:

Man kann natürlich statt des Parcours 2
auch Parcours 1 wählen. Der
Denkvorgang ist der gleiche wie bei
Parcours 2. Es ergibt sich hier aber
eine weitere Möglichkeit, das Problem
der Flächenannäherung einsichtig zu
machen. Nimmt man nämlich weitere
Unterteilungen der vorhandenen
Rechtecke wie in Parcours 2 vor,
so kann man die jetzt übriggebliebenen
Teilrechtecke abschneiden, so dass nun
auch durch das praktische Wegnehmen
die äußere »Zackenfläche« immer
kleiner wird.

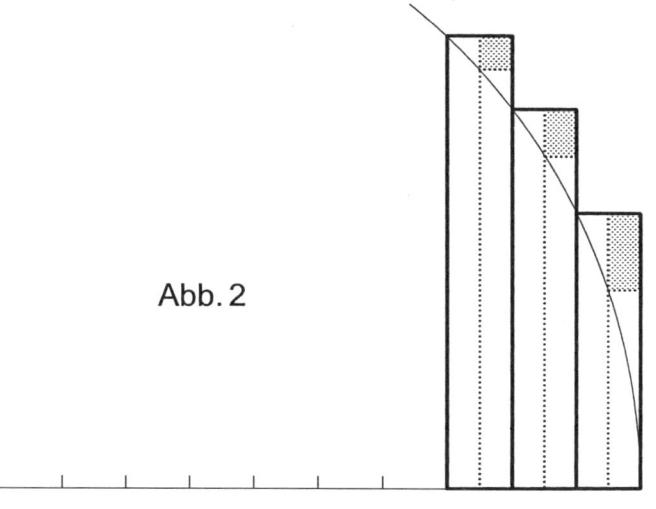

Abb. 2

Parcours 3:

Auch hier lässt sich eine Verfeinerung durchführen, indem man auf 12-, 24-, 48-Ecke übergeht. Das ist aber mathematisch gesehen sehr aufwändig und führt zu der Formel:

$$A_n = n \cdot a_n \cdot \frac{r}{2} \cdot \sqrt{1 - \frac{a_n^2}{4r^2}}$$

A_n *Flächeninhalt des regelmäßigen Vielecks*

$n \cdot a_n = u_n$ *Umfang des regelmäßigen Vielecks (s. Abb. 3)*

Es ist wichtig, dass man den Mittelwert der ein- und umbeschriebenen Dreiecke bildet, denn jede Methode für sich allein genommen ist für die Schüler und Schülerinnen nicht »genau« genug. Es würde im Unterricht ja auch reichen, *eine* Methode durchzuführen und die Formel für die andere vorzugeben, um dann den Mittelwert zu bilden. Der Mittelwert hat eine Genauigkeit von 96,5 %.

Man kann natürlich auch die Ungenauigkeit der Methode der einbeschriebenen Dreiecke, die größer ist als die der umbeschriebenen Dreiecke, dazu benutzen, die Notwendigkeit der Ermittlung der Fläche der umbeschriebenen Dreiecke deutlich zu machen, um dann den Mittelwert bestimmen zu können. Der Weg, so überzeugend er ist, kostet natürlich Zeit und ist im Anspruch höher.

Berechnung von a_n: $\tan 30° = \dfrac{\frac{a_n}{2}}{r}$

$$\frac{a_n}{2} = 0,5773$$

Berechnung von s_n: $\cos 30° = \dfrac{s_n}{r}$

$$\frac{s_n}{2} = 0,8660$$

Abb. 3

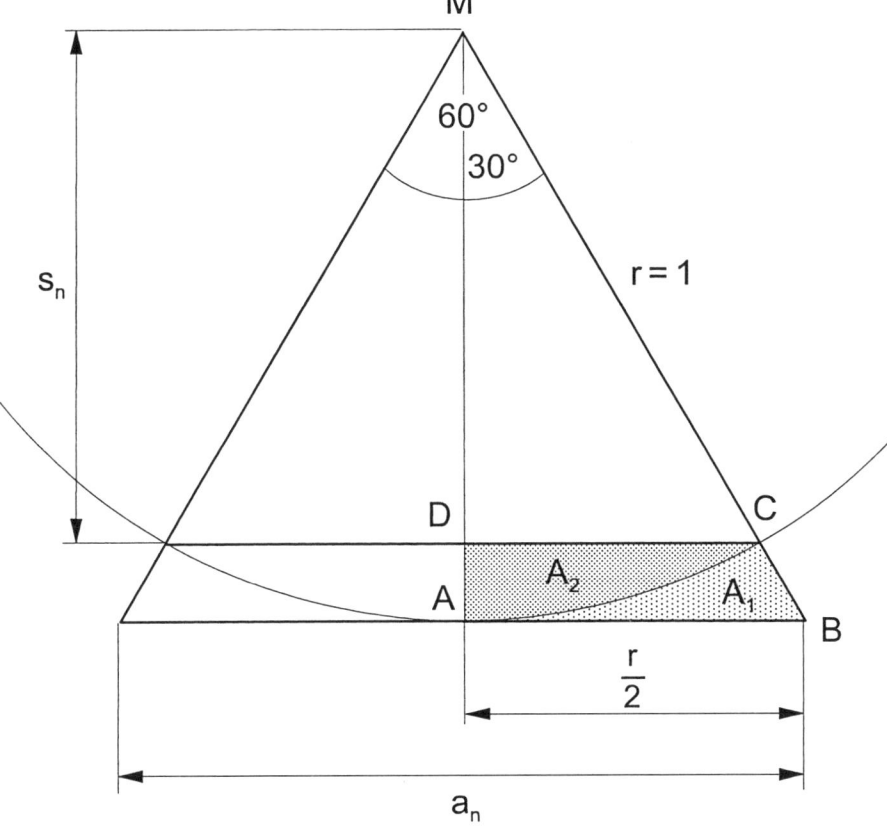

$A_1 = A_{MAB} - A_{MAC}$

$$A_1 = \frac{r \cdot \frac{a_n}{2}}{2} - \frac{\pi \cdot r^2}{12}$$

und weil r = 1

$$A_1 = \frac{a_n}{4} - \frac{\pi}{12}$$

$$A_1 = 0,2887 - 0,2618$$

$$\underline{\underline{A_1 = 0,0269}}$$

$A_2 = A_{MAC} - A_{MDC}$

$$A_2 = \frac{\pi}{12} - \frac{s_n \cdot \frac{r}{2}}{2}$$

und weil r = 1

$$A_2 = \frac{\pi}{12} - \frac{s_n}{4}$$

$$A_2 = 0,2618 - 0,2165$$

$$\underline{\underline{A_2 = 0,0453}}$$

A_2 ist also nahe doppelt so groß wie A_1.

Einfacher ist die Methode der ein- bzw. umbeschriebenen Dreiecke, wenn man trigonometrische Funktionen zur Verfügung hat. Die sind in Klasse 9 aber nicht Thema des Mathematikunterrichts. Da der Zugang unter diesen Voraussetzungen aber nicht schwer ist, bietet es sich in Klasse 10 an, die Kreisflächenformel als Anwendungsaufgabe der Trigonometrie herzuleiten. Man kann dann mit dem Taschenrechner schnell ausrechnen, wie die Genauigkeit der Zahl π zunimmt. Für z. B. n = 1000 ist das schon beeindruckend.

Einbeschriebenes regelmäßiges n-Eck mit dem Flächeninhalt F_i	**Umbeschriebenes regelmäßiges n-Eck mit dem Flächeninhalt F_a**

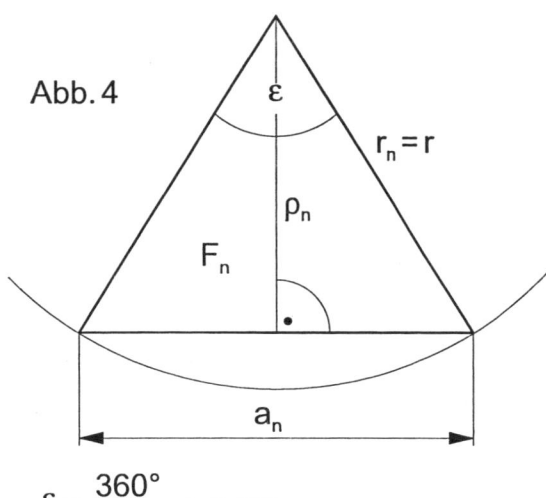

Abb. 4

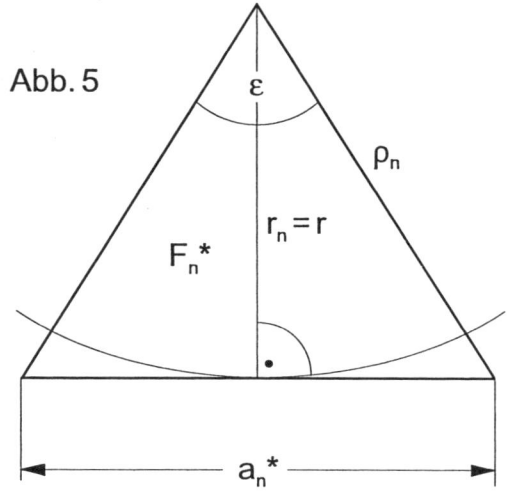

Abb. 5

$$\varepsilon = \frac{360°}{n} \quad ; \quad r_n = r$$

$$F_i = n \cdot F_n$$

$$F_i = n \cdot \frac{\rho_n \cdot a_n}{2}$$

$$\rho_n = r \cdot \cos \frac{\varepsilon}{2}$$

$$a_n = 2 \cdot r \cdot \sin \frac{\varepsilon}{2}$$

$$F_i = n \cdot r^2 \cdot \cos \frac{\varepsilon}{2} \cdot \sin \frac{\varepsilon}{2}$$

$$F_i = r^2 \cdot n \cdot \cos \frac{180°}{n} \cdot \sin \frac{180°}{n}$$

für n $\longrightarrow \infty$ geht $n \cdot \cos \frac{180°}{n} \cdot \sin \frac{180°}{n}$ gegen π.

$$\varepsilon = \frac{360°}{n} \quad ; \quad r_n = r$$

$$F_a = n \cdot F_n^*$$

$$F_a = n \cdot \frac{r_n \cdot a_n^*}{2}$$

$$a_n = 2 \cdot r_n \cdot \tan \frac{\varepsilon}{2}$$

$$a_n = 2 \cdot r_n \cdot \tan \frac{180°}{n}$$

$$F_a = r_n^2 \cdot n \cdot \tan \frac{180°}{n}$$

für n $\longrightarrow \infty$ geht $n \cdot \tan \frac{180°}{n}$ gegen π.

Parcours 5:

Diese Methode lässt sich nicht verfeinern, denn wenn man aus 9 Teilquadraten durch weitere Halbierung dann 36 Teilquadrate herstellt, so sieht man sehr schnell, dass man kein Polygon herstellen kann, wie es bei den 9 Teilquadraten der Fall ist. Natürlich kann man einen Polygonzug einzeichnen, doch ist der viel schlechter als der bei den 9 Teilquadraten. Immerhin führt die Methode zu einem Wert von 99 % des Wertes von π.

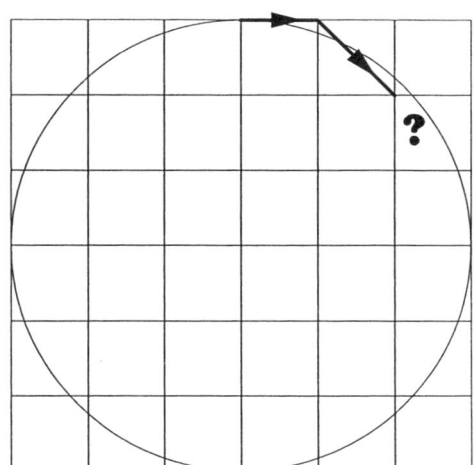

Parcours 6:

Auch hier lässt sich eine Verfeinerung durchführen. Da die frühen Ägypter mit $\pi = 3,0$ gerechnet haben, kann der Wert nicht so schlecht sein. Er ist immerhin 95,5 % des Wertes von π. Die Griechen rechneten in Kenntnis der Bruchzahlen mit $\pi = \frac{22}{7}$, das sind schon 99,9 %.

Parcours 7:

Obwohl die Methode sehr einfach ist, ist der Wert bei dieser Unterteilung recht genau, nämlich 100,6 % vom Wert von π.

Parcours 8 und 9:

Wegen der Handlichkeit sollte man den Schülern und Schülerinnen kein dünnes Papier, sondern mindestens 160 g - Papier geben, da man es besser fassen und legen kann. Parcours 9 kann nur zu dem Ergebnis führen, dass man drei r-Quadrate und ein »bisschen« mehr braucht, um die Kreisfläche auszulegen. Insofern ist die Methode genauso gut wie die der alten Ägypter.

Parcours 10:

Wenn die Möglichkeit besteht, sollte man den Zylinder und die Quadratsäule aus gleichem Material (z. B. Holz) vielleicht im Technikunterricht erstellen lassen. Bei diesem Verfahren kann man schnell dem Fehlschluss erliegen, dass man mit einer supergenauen Waage die Zahl π genauer bestimmen kann. Wenn die Massen der Kreis- und der Quadratscheibe aber ungenau gefertigt worden sind, nützt auch die beste Waage nichts. Umgekehrt ist es natürlich ebenso.

Parcours 11:

An diesem Parcours werden zwei Methoden nebeneinander benutzt, die auf den ersten Blick den Charakter eines Grenzübergangs haben.

1. Die Verfeinerung des Gitters.
2. Die Erhöhung der Anzahl der durch die Koordinaten markierten Gitterquadrate.

Der letzte Aspekt ist eigentlich sehr einsichtig, denn je mehr Gitterquadrate man markiert, desto genauer wird der Quotient für die Zahl π. Je mehr Zufallsziffern man nimmt und daraus die Koordinatenpaare bildet, desto mehr Gitterquadrate kann man markieren, und nach dem Gesetz der großen Zahlen werden irgendwann alle Gitterquadrate markiert sein. Das kann aber nicht Sinn der Methode sein, denn dann ist man wieder beim Parcours 8. Problem: Was macht man mit den eventuell doppelt markierten Gitterquadraten? Zählt man sie nur einfach oder doppelt oder gar in der Häufigkeit, in der sie markiert worden sind? Der Trick dieser statistischen Methode liegt ja gerade darin, so viele Gitterquadrate wie notwendig und so wenig wie möglich zu nehmen. Eine individuelle Entscheidung eines jeden Schülers ist hier notwendig, welch tolle Situation. Also kein Grenzübergang.

Der erste Aspekt ist nicht so ganz einfach zu entscheiden. Angenommen, man markiert immer 100 Gitterquadrate, unabhängig von der Feinheit des Gitters. Dann ist unmittelbar klar, dass immer weniger markierte Gitterquadrate auf dem Kreisrand liegen werden. Die Entscheidungshäufigkeit »liegt innerhalb bzw. außerhalb der Kreisfläche« nimmt ab, wenn das Gitterquadrat auf dem Kreisrand liegt, und das wechselseitige Zuordnen zu »innerhalb bzw. außerhalb der Kreisfläche«, wenn das Gitterquadrat »genau« auf dem Kreisrand liegt, nimmt ebenfalls ab. Des Ergebnis für π müsste eigentlich besser werden. Bei genügend großer Verfeinerung des Gitters dürfte irgendwann einmal kein Gitterpunkt mehr auf dem Kreisrand liegen. Das muss aber nicht sein, denn die ständige Verfeinerung des Gitters bringt eine ständige Verlängerung der Koordinaten des betreffenden Gitterquadrates mit sich, und das ist nichts anderes als eine Intervallschachtelung des Gitterquadrates, und jede kann durchaus einen Punkt auf dem Kreis definieren. Das ist zwar ein Grenzübergang, aber der bringt bei endlicher Anzahl von Gitterquadraten (Punkten) keine prinzipielle Verbesserung des angestreben Wertes von π. Diese ist nur erreichbar, wenn man mit der Verfeinerung des Gitters auch die Anzahl der markierten Gitterquadrate erhöht.

Parcours 12, Parcours 13

Auch diese Parcours benutzen den Gedanken eines Grenzübergangs. Die eigentlichen Schwierigkeiten beginnen nach Gleichung VI, wenn h_n bestimmt werden soll. Man kann das Problem umgehen, wenn man den Schülerinnen und Schülern klar machen kann, dass beim Übergang für $n \to \infty$ $h_n \to r$ geht. Das führt von

Gleichung VII $\quad A_n = n \cdot s_n \cdot \dfrac{h_n}{2}$ $\quad$ zur Gleichung $\quad A_{Kreis} = u_{Kreis} \cdot \dfrac{r}{2}$.

In der vorletzten Gleichung steckt noch ein gedankliches Problem. Wenn $s_n \to 0$ geht, was macht dann der Term $n \cdot s_n$, da n doch gegen ∞ strebt? Natürlich strebt dieser Ausdruck gegen u_{Kreis}, aber ein unwohles Gefühl bleibt, denn u_{Kreis} ist eine ganz bestimmte Zahl.
So ist es vielleicht sicherer, von der

Gleichung $\quad A_n = u_n \cdot \dfrac{h_n}{2}$ $\quad$ aus zu argumentieren.

Für $h \to r$ führt alles zur gewünschten

Gleichung $\quad A_{Kreis} = u_{Kreis} \cdot \dfrac{r}{2}$ $\quad$ und

$$A = r^2 \cdot \pi$$

Wegen der oben genannten Schwierigkeiten gibt es zwei Versionen des Verfahrens, wobei Parcours 13 das »leichtere« Verfahren anbietet.

Weitere Verfahren zur Kreisberechnung und zur Zahl π findet man in
Prof. Nosenix´ Trickkiste: Historische Verfahren zeitgemäss aufbereitet
Aulis Verlag Deubner & Co KG, Köln (ISBN 3-7614-2014-5):
Wie Archimedes π bestimmte, Wie der Bischof von Brixen π bestimmte,
Wie C. F. Gauß π bestimmte, Wie man zufällig auf π kommt,
Wie der Prediger John Wallis π bestimmte, Die Kreiszahl π im Laufe von Jahrhunderten, Zur Quadratur des Kreises.

DIE BERECHNUNG DER KREISFLÄCHE
LAUFZETTEL
NAME: _____

Stations-nummer	erfolgreich bearbeitet?	Deine Meinung und Bemerkungen zu dieser Station
1		
2		
3		
4		
5		
6		
7		
8		
9		
10		
11		
12		
13		

PARCOURS 1 :
BERECHNUNG DER KREISFLÄCHE ÜBER »UMBESCHRIEBENE« RECHTECKE

Suche dir einen Partner oder eine Partnerin!

I. Beschreibung:

An dieser Station lernt ihr eine Näherungsmethode kennen, bei der man »umbeschriebene« Rechtecke benutzt, um die Flächenformel für den Kreis zu erarbeiten. Um es etwas einfacher zu machen, arbeitet ihr zuerst nur an einem Viertelkreis (siehe Zeichnung).

Vorbemerkung: Wenn du schon Parcours 2 erfolgreich bearbeitet hast, wird Parcours 1 ein geistiger Spaziergang sein. Dazu solltest du die Zeichnungen von Parcours 1 und 2 genau ansehen, am besten nebeneinander. Dir wird einiges auffallen!

II. Materialliste:

entfällt

III. Arbeitsanweisungen:

1. Du musst zuerst die Flächen der Rechtecke A_1, A_2, ... , A_{10} berechnen.

Formel für den Flächeninhalt des Rechtecks

$$A_{Rechteck} = \quad \bullet$$

2. Dazu brauchst du die beiden Seiten

$$a = \frac{r}{10}$$

$$b = y_1, y_2, y_3, ... , y_9$$

Die Länge von y_0 ist klar. $y_0 =$ *(kann man ablesen)*

3. Als Beispiel werde ich dir einen Wert y mit n = 3 vorrechnen, damit es nicht so schwer ist. y_3 brauchst du zur Berechnung von A_4.
Die anderen y-Werte kannst du dann selber berechnen.
Eine Hilfe ist schon eingezeichnet, der Radius r.
Zur Berechnung von y_3 (und für die anderen y auch) brauchst du den Satz des .... (1. Hilfe?).

4. Suche in der Zeichnung die drei charakteristischen Seiten für dieses Dreieck (2. Hilfe?) und setze sie in die Gleichung für den Satz des .... ein.

PARCOURS 1 :

BERECHNUNG DER KREISFLÄCHE ÜBER »UMBESCHRIEBENE« RECHTECKE

III. Arbeitsanweisungen (Fortsetzung):

5. Du musst jetzt die Gleichung nach y_3 auflösen (3. Hilfe?).

6. Du hast jetzt $y_3 =$ • ——

7. Du kannst jetzt die Längen der beiden Seiten in die Formel für den Flächeninhalt des Rechtecks einsetzen und ausrechnen (4. Hilfe?). Für die Berechnung von A_4 brauchst du y_3!

$$A_4 = \quad •$$

8. So wie du A_4 berechnet hast, kannst du nach demselben Muster die Fläche der anderen Rechtecke berechnen. Es ist nur eine Wiederholung mit anderen Zahlen. Schreibe das systematisch auf, es wird dir helfen (5. Hilfe?)!

9. Addiere nun die Flächen $A_1, \ldots , A_{10}$ und klammere konsequent aus (6. Hilfe?).

$$A_{gesamt} = A_1 + A_2 + \ldots + A_{10}$$

$$A_{gesamt} =$$

$$A_{gesamt} =$$

$$A_{gesamt} • 4 = A_{Kreisfläche} =$$

10. Wenn du jetzt alles geschafft hast, bist du Spitze!
    Du hast allerdings auch ein kleines Problem, das du sicher schon bemerkt hast. Dein Zahlenwert in der Kreisflächenformel ist zu groß, denn alle deine Rechtecke $A_1, A_2, \ldots , A_{10}$ ragen über die Kreisfläche hinaus! Um das auszugleichen, gibt es die Methode der »einbeschriebenen« Rechtecke. Kannst du dir vorstellen, wie das funktioniert? Wenn nicht, dann versuche dich an Parcours 2.
    Das ist nun wirklich ganz leicht.
    Du musst nur zuerst die Zeichnung von Parcours 1 und Parcours 2 genau vergleichen. Dir wird ein Licht aufgehen und es ist nur ganz wenig zu rechnen. Du schaffst das schon!

PARCOURS 1:

BERECHNUNG DER KREISFLÄCHE ÜBER »UMBESCHRIEBENE« RECHTECKE

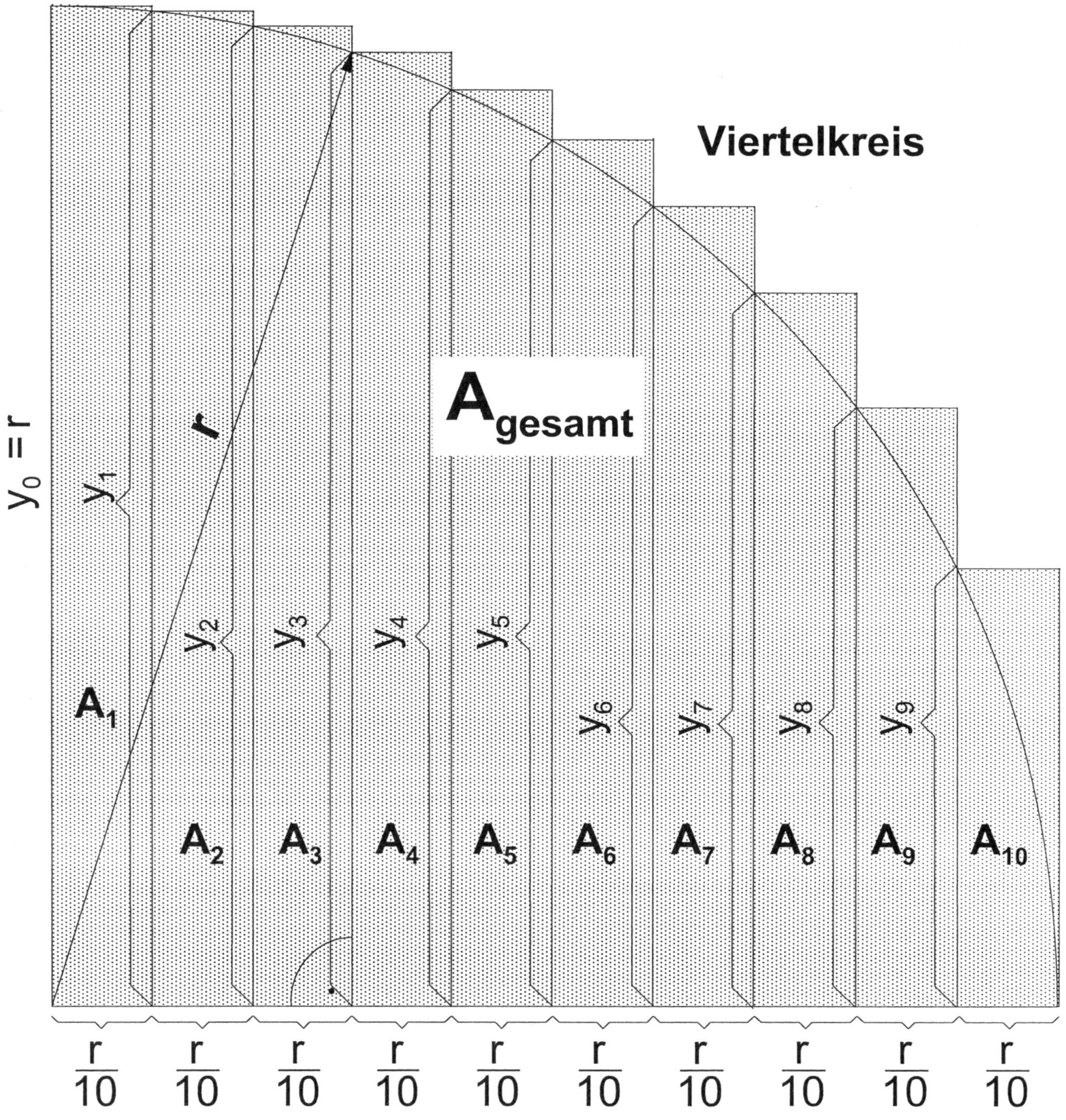

Viertelkreis

$\mathbf{A}_{\text{gesamt}}$

$y_0 = r$

r

y_1

A_1

y_2 y_3 y_4 y_5

y_6 y_7 y_8 y_9

A_2 A_3 A_4 A_5 A_6 A_7 A_8 A_9 A_{10}

$\dfrac{r}{10}$ $\dfrac{r}{10}$ $\dfrac{r}{10}$ $\dfrac{r}{10}$ $\dfrac{r}{10}$ $\dfrac{r}{10}$ $\dfrac{r}{10}$ $\dfrac{r}{10}$ $\dfrac{r}{10}$ $\dfrac{r}{10}$

Für die Berechnung von A_4 brauchst du y_3

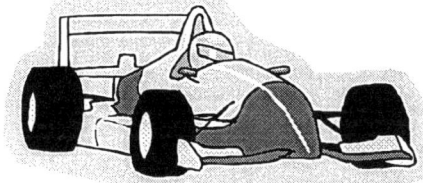

PARCOURS 1 :

1. HILFE

Satz des Pythagoras

In einem **rechtwinkligen** Dreieck ist die Summe der Kathetenquadrate gleich dem Hypotenusenquadrat. Suche das rechtwinklige Dreieck!
• Hypotenuse: die Seite, die dem rechten Winkel gegenüberliegt.
• Katheten: sie bilden mit ihren beiden Seiten den rechten Winkel in diesem Dreieck.

$$a^2 + b^2 = c^2$$

PARCOURS 1 :

2. HILFE

Suche in der Zeichnung von Parcours 1 ein passendes rechtwinkliges Dreieck mit

$$a = 3 \cdot \frac{r}{10} \qquad b = y_3 \qquad c = r$$

und setze in die Gleichung $a^2 + b^2 = c^2$ ein (siehe 1. Hilfe).

Achtung beim Klammerauflösen von $(3 \cdot \frac{r}{10})^2$

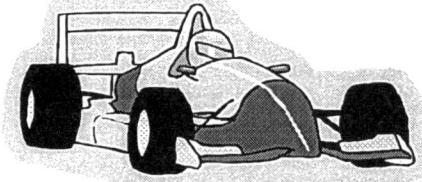

PARCOURS 1:

3. HILFE

Die gefundenen Seiten des rechtwinkligen Dreiecks setzen wir jetzt in die Gleichung des »Pythagoras« ein.

1) $\qquad a^2 \quad + \quad b^2 \quad = \quad c^2$

2) $\quad (3 \cdot \frac{r}{10})^2 + \quad y_3^2 \ = \ r^2$ *(der Radius r ist ja als bekannt vorausgesetzt)*

3) $\qquad \frac{9\,r^2}{100} \quad + \quad y_3^2 \ = \ r^2$ *(die Klammer wurde ausgerechnet)*

4) $\qquad\qquad\qquad y_3^2 \ = \ r^2 - \frac{9\,r^2}{100}$ *($\frac{9\,r^2}{100}$ wurde subtrahiert)*

5) $\qquad\qquad\qquad y_3^2 \ = \ \frac{100\,r^2}{100} - \frac{9\,r^2}{100}$ *(r² mit 100 erweitern, damit man subtrahieren kann)*

6) $\qquad\qquad\qquad y_3^2 \ = \ \frac{91\,r^2}{100}$ *(jetzt Wurzel ziehen)*

7) $\qquad\qquad\qquad y_3 \ = \ \sqrt{\frac{91\,r^2}{100}}$ *(ziehe die Wurzel partiell)*

8) $\qquad\qquad\qquad y_3 \ = \ \frac{r}{10}\sqrt{91}$

9) $\qquad\qquad\qquad y_3 \ = \ \frac{r}{10} \cdot 9{,}539392014$

10) $\qquad\qquad\qquad y_3 \ = \ \frac{r}{10} \cdot 9{,}54$ *(gerundet)*

Nach diesem Muster kannst du die anderen y berechnen.
Wenn du dir das System klar machst - es geht nur um die
Subtraktion von Quadratzahlen (s. Zeile 5) - dann kannst du
dir viel Schreibarbeit ersparen.
Fange mit y_1 an, dann y_2 und ganz zum Schluss y_0.
Schreibe die y listenartig untereinander auf, dann hast du es
bei der Berechnung der einzelnen Flächeninhalte A_1, A_2, ... , A_{10}
leichter.

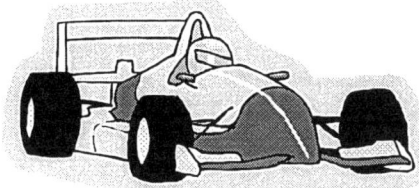

PARCOURS 1 :

4. HILFE

Die Berechnung des Rechtecks A_4 als Beispiel für die anderen Rechteckflächen:

$$A_4 = a \cdot b$$

$$A_4 = \frac{r}{10} \cdot \frac{r}{10} \cdot 9{,}54$$

$$A_4 = \frac{r^2}{100} \cdot 9{,}54$$

PARCOURS 1 :

5. HILFE

$$A_1 = a \cdot b = \frac{r}{10} \cdot y_0 = \frac{r}{10} \cdot r = \frac{r^2}{10} = \frac{r^2}{100} \cdot 10$$

$$A_2 = a \cdot b = \frac{r}{10} \cdot y_1 = \frac{r}{10} \cdot \frac{r}{10} \cdot 9{,}95 = \frac{r^2}{100} \cdot 9{,}95$$

$$A_3 = a \cdot b = \frac{r}{10} \cdot y_2 = \frac{r}{10} \cdot \frac{r}{10} \cdot 9{,}80 = \frac{r^2}{100} \cdot 9{,}80$$

A_4 (s. 4. Hilfe)

usw.

PARCOURS 1 :

6. HILFE

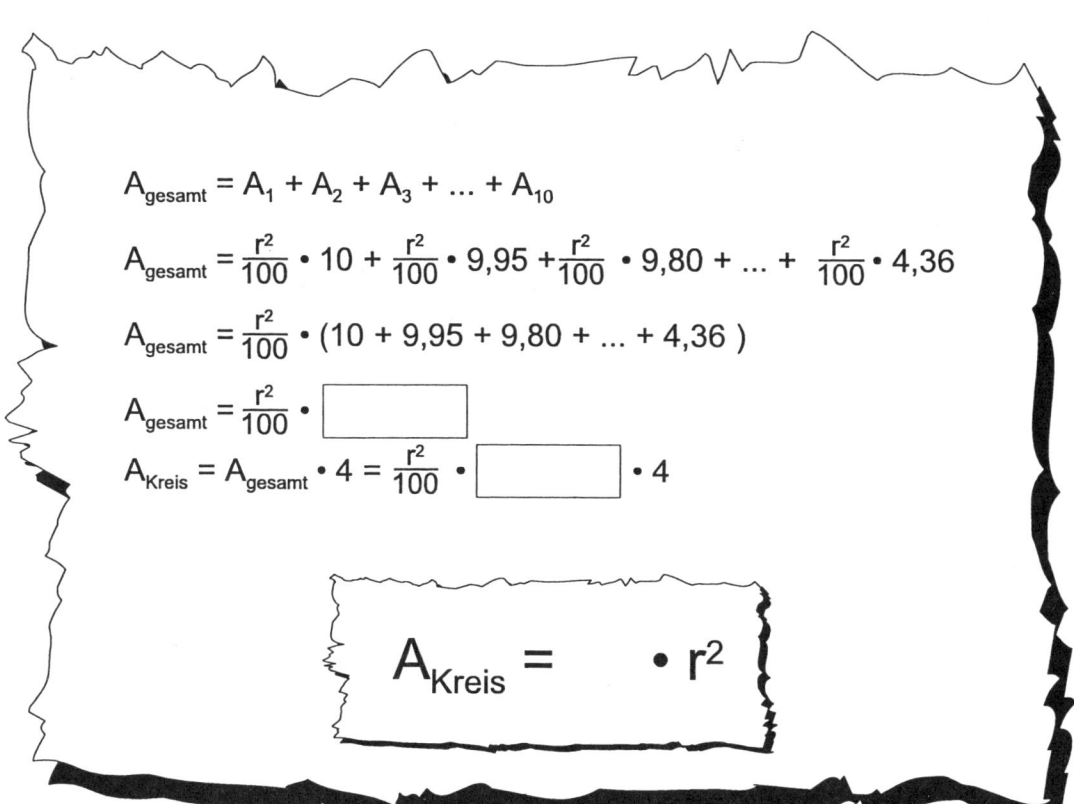

$$A_{gesamt} = A_1 + A_2 + A_3 + ... + A_{10}$$

$$A_{gesamt} = \frac{r^2}{100} \cdot 10 + \frac{r^2}{100} \cdot 9{,}95 + \frac{r^2}{100} \cdot 9{,}80 + ... + \frac{r^2}{100} \cdot 4{,}36$$

$$A_{gesamt} = \frac{r^2}{100} \cdot (10 + 9{,}95 + 9{,}80 + ... + 4{,}36)$$

$$A_{gesamt} = \frac{r^2}{100} \cdot \boxed{}$$

$$A_{Kreis} = A_{gesamt} \cdot 4 = \frac{r^2}{100} \cdot \boxed{} \cdot 4$$

$$A_{Kreis} = \boxed{} \cdot r^2$$

PARCOURS 1 :

7. HILFE

Boxes:

$$y_0 = \frac{r}{10} \cdot 10{,}00$$
$$y_1 = \frac{r}{10} \cdot 9{,}95$$
$$y_2 = \frac{r}{10} \cdot 9{,}80$$
$$y_3 = \frac{r}{10} \cdot 9{,}54$$
$$y_4 = \frac{r}{10} \cdot 9{,}17$$
$$y_5 = \frac{r}{10} \cdot 8{,}66$$
$$y_6 = \frac{r}{10} \cdot 8{,}00$$
$$y_7 = \frac{r}{10} \cdot 7{,}14$$
$$y_8 = \frac{r}{10} \cdot 6{,}00$$
$$y_9 = \frac{r}{10} \cdot 4{,}36$$

Zweite Zeile:

$$y_1 = \frac{r}{10} \cdot \sqrt{99}$$
$$y_2 = \frac{r}{10} \cdot \sqrt{96}$$
$$y_3 = \frac{r}{10} \cdot \sqrt{91}$$
$$y_4 = \frac{r}{10} \cdot \sqrt{84}$$
$$y_5 = \frac{r}{10} \cdot \sqrt{75}$$
$$y_6 = \frac{r}{10} \cdot \sqrt{64}$$
$$y_7 = \frac{r}{10} \cdot \sqrt{51}$$
$$y_8 = \frac{r}{10} \cdot \sqrt{36}$$
$$y_9 = \frac{r}{10} \cdot \sqrt{19}$$

Dritte Zeile:

$$y_1 = \sqrt{\frac{99}{100}\,r^2}$$
$$y_2 = \sqrt{\frac{96}{100}\,r^2}$$
$$y_3 = \sqrt{\frac{91}{100}\,r^2}$$
$$y_4 = \sqrt{\frac{84}{100}\,r^2}$$
$$y_5 = \sqrt{\frac{75}{100}\,r^2}$$
$$y_6 = \sqrt{\frac{64}{100}\,r^2}$$
$$y_7 = \sqrt{\frac{51}{100}\,r^2}$$
$$y_8 = \sqrt{\frac{36}{100}\,r^2}$$
$$y_9 = \sqrt{\frac{19}{100}\,r^2}$$

Vierte Zeile:

$$y_1^2 = r^2 - \frac{1}{100}r^2 = \frac{100}{100}r^2 - \frac{1}{100}r^2 = \frac{99}{100}r^2$$
$$y_2^2 = r^2 - \frac{4}{100}r^2 = \frac{100}{100}r^2 - \frac{4}{100}r^2 = \frac{96}{100}r^2$$
$$y_3^2 = r^2 - \frac{9}{100}r^2 = \frac{100}{100}r^2 - \frac{9}{100}r^2 = \frac{91}{100}r^2$$
$$y_4^2 = r^2 - \frac{16}{100}r^2 = \frac{100}{100}r^2 - \frac{16}{100}r^2 = \frac{84}{100}r^2$$
$$y_5^2 = r^2 - \frac{25}{100}r^2 = \frac{100}{100}r^2 - \frac{25}{100}r^2 = \frac{75}{100}r^2$$
$$y_6^2 = r^2 - \frac{36}{100}r^2 = \frac{100}{100}r^2 - \frac{36}{100}r^2 = \frac{64}{100}r^2$$
$$y_7^2 = r^2 - \frac{49}{100}r^2 = \frac{100}{100}r^2 - \frac{49}{100}r^2 = \frac{51}{100}r^2$$
$$y_8^2 = r^2 - \frac{64}{100}r^2 = \frac{100}{100}r^2 - \frac{64}{100}r^2 = \frac{36}{100}r^2$$
$$y_9^2 = r^2 - \frac{81}{100}r^2 = \frac{100}{100}r^2 - \frac{81}{100}r^2 = \frac{19}{100}r^2$$

Fünfte Zeile:

$$y_0:$$
$$y_1: \quad r^2 = \left(\tfrac{1}{10}r\right)^2 + y_1^2$$
$$y_2: \quad r^2 = \left(\tfrac{2}{10}r\right)^2 + y_2^2$$
$$y_3: \quad r^2 = \left(\tfrac{3}{10}r\right)^2 + y_3^2$$
$$y_4: \quad r^2 = \left(\tfrac{4}{10}r\right)^2 + y_4^2$$
$$y_5: \quad r^2 = \left(\tfrac{5}{10}r\right)^2 + y_5^2$$
$$y_6: \quad r^2 = \left(\tfrac{6}{10}r\right)^2 + y_6^2$$
$$y_7: \quad r^2 = \left(\tfrac{7}{10}r\right)^2 + y_7^2$$
$$y_8: \quad r^2 = \left(\tfrac{8}{10}r\right)^2 + y_8^2$$
$$y_9: \quad r^2 = \left(\tfrac{9}{10}r\right)^2 + y_9^2$$

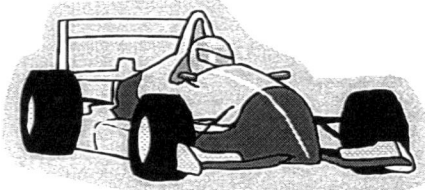

PARCOURS 1:

LÖSUNG

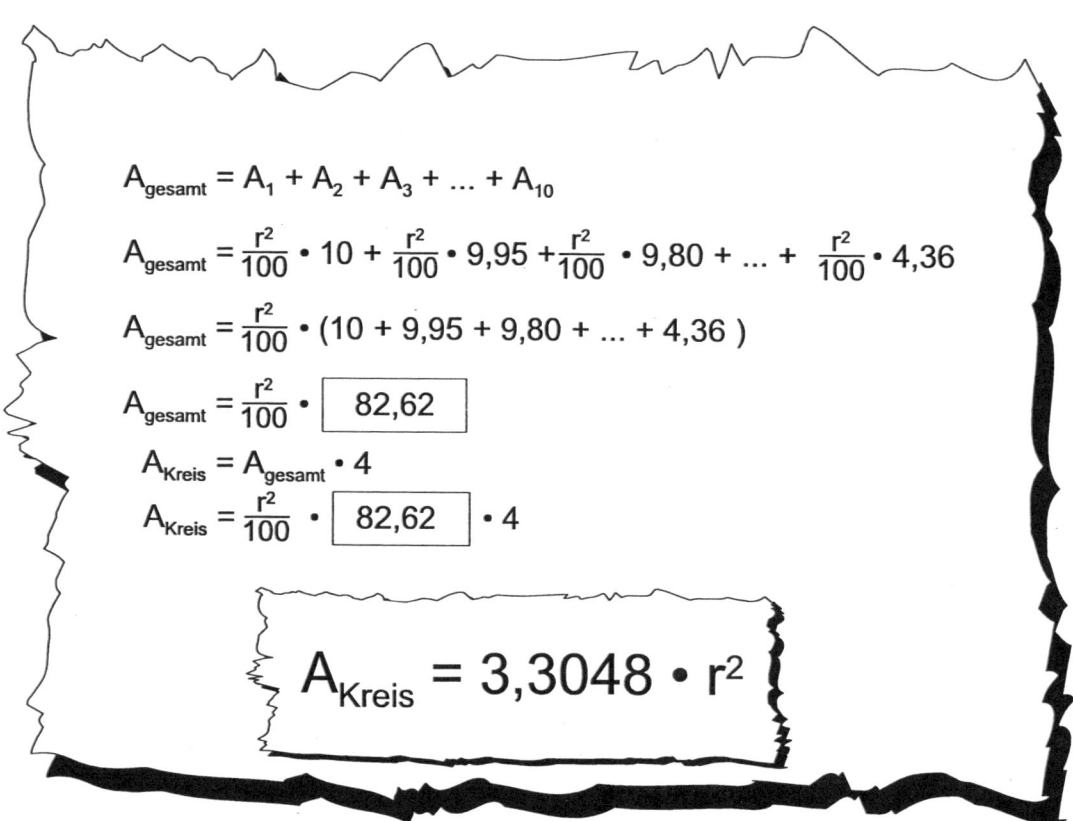

$$A_{gesamt} = A_1 + A_2 + A_3 + \ldots + A_{10}$$

$$A_{gesamt} = \frac{r^2}{100} \cdot 10 + \frac{r^2}{100} \cdot 9,95 + \frac{r^2}{100} \cdot 9,80 + \ldots + \frac{r^2}{100} \cdot 4,36$$

$$A_{gesamt} = \frac{r^2}{100} \cdot (10 + 9,95 + 9,80 + \ldots + 4,36)$$

$$A_{gesamt} = \frac{r^2}{100} \cdot \boxed{82,62}$$

$$A_{Kreis} = A_{gesamt} \cdot 4$$

$$A_{Kreis} = \frac{r^2}{100} \cdot \boxed{82,62} \cdot 4$$

$$A_{Kreis} = 3,3048 \cdot r^2$$

PARCOURS 2 :

BERECHNUNG DER KREISFLÄCHE ÜBER »EINBESCHRIEBENE« RECHTECKE

Suche dir einen Partner oder eine Partnerin!

I. Beschreibung:

An dieser Station lernt ihr eine Näherungsmethode kennen, bei der man »einbeschriebene« Rechtecke benutzt, um die Flächenformel für den Kreis zu erarbeiten. Um es etwas einfacher zu machen, arbeitet ihr zuerst nur an einem Viertelkreis (siehe Zeichnung).

Vorbemerkung: Wenn du schon Parcours 1 erfolgreich bearbeitet hast, wird Parcours 2 ein geistiger Spaziergang sein. Dazu solltest du die Zeichnungen von Parcours 1 und 2 genau ansehen, am besten nebeneinander.
Dir wird einiges auffallen!

II. Materialliste:

entfällt

III. Arbeitsanweisungen:

1. Du musst zuerst die Flächen der Rechtecke A_1, A_2, ... , A_9 berechnen.

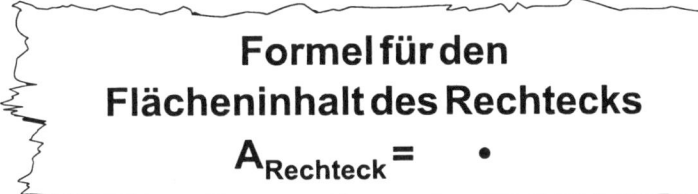

Formel für den Flächeninhalt des Rechtecks

$$A_{Rechteck} = \qquad \bullet$$

2. Dazu brauchst du die beiden Seiten

$$a = \frac{r}{10}$$

$$b = y_1, y_2, y_3, \dots , y_9$$

3. Als Beispiel werde ich dir y_3 vorrechnen, damit es nicht so schwer ist. Die anderen y-Werte kannst du dann selber berechnen.
Eine Hilfe ist schon eingezeichnet, der Radius r.
Zur Berechnung von y_3 (und für die anderen y auch) brauchst du den Satz des .... (1. Hilfe?).

4. Suche in der Zeichnung die drei charakteristischen Seiten für dieses Dreieck (2. Hilfe?) und setze sie in die Gleichung für den Satz des .... ein.

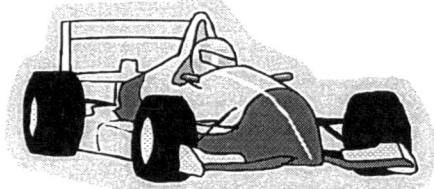

PARCOURS 2:
BERECHNUNG DER KREISFLÄCHE ÜBER »EINBESCHRIEBENE« RECHTECKE

III. Arbeitsanweisungen (Fortsetzung):

5. Du musst jetzt die Gleichung nach y_3 auflösen (3. Hilfe?).

6. Du hast jetzt $y_3 =$ • ——

7. Du kannst jetzt die Längen der beiden Seiten in die Formel für den Flächeninhalt des Rechtecks einsetzen und ausrechnen (4. Hilfe?). Für die Berechnung von A_3 brauchst du y_3!

$$A_3 = \qquad •$$

8. So wie du A_3 berechnet hast, kannst du nach demselben Muster die Fläche der anderen Rechtecke berechnen. Es ist nur eine Wiederholung mit anderen Zahlen. Schreibe das systematisch auf, das wird dir helfen (5. Hilfe?)!

9. Addiere nun die Flächen $A_1, \ldots , A_9$ und klammere konsequent aus (6. Hilfe?).

$$A_{gesamt} = A_1 + A_2 + \ldots + A_9$$

$$A_{gesamt} =$$

$$A_{gesamt} =$$

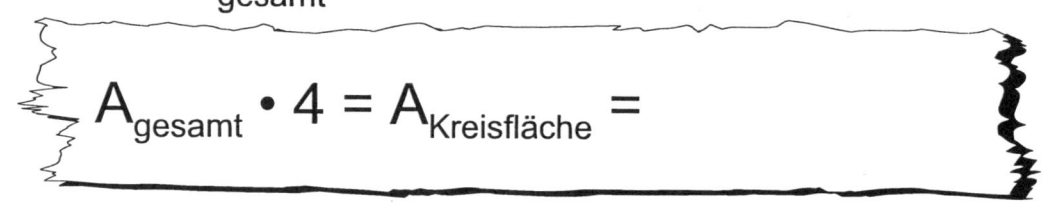

$$A_{gesamt} • 4 = A_{Kreisfläche} =$$

10. Wenn du jetzt alles geschafft hast, bist du Spitze!
Du hast allerdings auch ein kleines Problem, das du sicher schon bemerkt hast. Dein Zahlenwert in der Kreisflächenformel ist zu klein, denn alle deine Rechtecke $A_1, A_2, \ldots , A_9$ ragen in die Kreisfläche hinein! Um das auszugleichen, gibt es die Methode der »umbeschriebenen« Rechtecke. Kannst du dir vorstellen, wie das funktioniert? Wenn nicht, dann versuche dich an Parcours 1.
Du brauchst keine Angst zu haben, das ist nun wirklich ganz leicht.
Du musst nur zuerst die Zeichnungen von Parcours 1 und Parcours 2 genau vergleichen. Dir wird ein Licht aufgehen und es ist nur ganz wenig zu rechnen. Du schaffst das schon!

PARCOURS 2:
BERECHNUNG DER KREISFLÄCHE ÜBER »EINBESCHRIEBENE« RECHTECKE

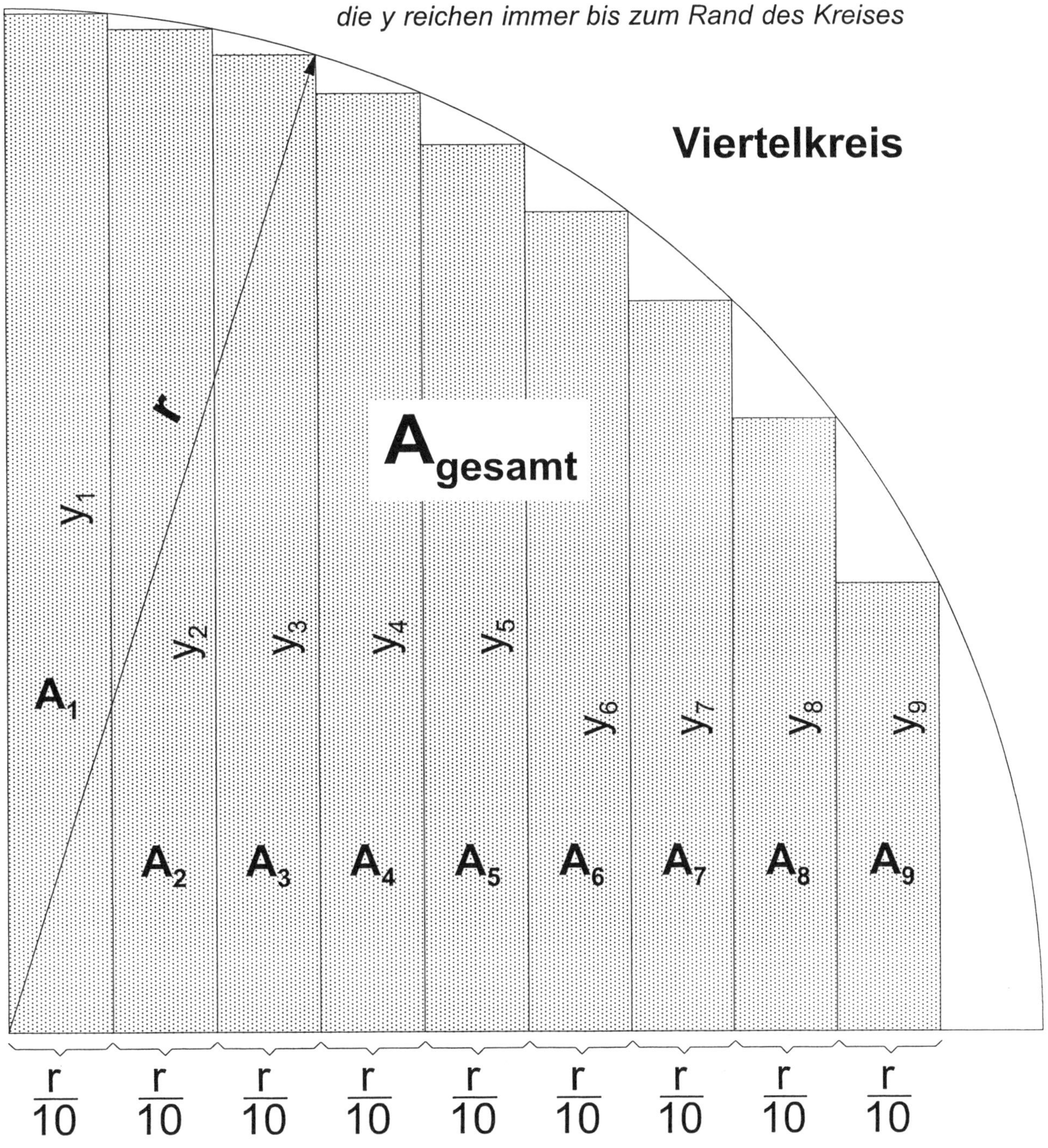

die y reichen immer bis zum Rand des Kreises

Viertelkreis

r

y_1

A_{gesamt}

y_2 y_3 y_4 y_5

y_6 y_7 y_8 y_9

A_1

A_2 A_3 A_4 A_5 A_6 A_7 A_8 A_9

$\dfrac{r}{10}$ $\dfrac{r}{10}$ $\dfrac{r}{10}$ $\dfrac{r}{10}$ $\dfrac{r}{10}$ $\dfrac{r}{10}$ $\dfrac{r}{10}$ $\dfrac{r}{10}$ $\dfrac{r}{10}$

Für die Berechnung von A_3 brauchst du y_3

PARCOURS 2:

1. HILFE

Satz des Pythagoras

In einem **rechtwinkligen** Dreieck ist die Summe der Kathetenquadrate gleich dem Hypotenusenquadrat. Suche das rechtwinklige Dreieck!

• Hypotenuse: die Seite, die dem rechten Winkel gegenüberliegt
• Katheten: sie bilden mit ihren beiden Seiten den rechten Winkel in diesem Dreieck.

$$a^2 + b^2 = c^2$$

PARCOURS 2:

2. HILFE

Suche in der Zeichnung von Parcours 2 ein passendes rechtwinkliges Dreieck mit

$$a = 3 \cdot \frac{r}{10} \qquad b = y_3 \qquad c = r$$

und setze in die Gleichung $a^2 + b^2 = c^2$ ein (siehe 1. Hilfe).

Achtung beim Klammerauflösen von $(3 \cdot \frac{r}{10})^2$

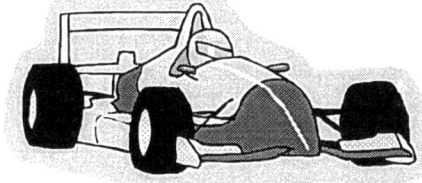

PARCOURS 2:

3. HILFE

Die gefundenen Seiten des rechtwinkligen Dreiecks setzen wir jetzt in die Gleichung des »Pythagoras« ein.

1) $\quad a^2 \quad + \quad b^2 \quad = \quad c^2$

2) $\quad (3 \cdot \frac{r}{10})^2 + \quad y_3^2 \quad = \quad r^2$ *(der Radius r ist ja als bekannt vorausgesetzt)*

3) $\quad \frac{9\,r^2}{100} \quad + \quad y_3^2 \quad = \quad r^2$ *(die Klammer wurde ausgerechnet)*

4) $\quad y_3^2 \quad = \quad r^2 - \frac{9\,r^2}{100}$ *($\frac{9\,r^2}{100}$ wurde subtrahiert)*

5) $\quad y_3^2 \quad = \quad \frac{100\,r^2}{100} - \frac{9\,r^2}{100}$ *(r² mit 100 erweitern, damit man subtrahieren kann)*

6) $\quad y_3^2 \quad = \quad \frac{91\,r^2}{100}$ *(jetzt Wurzel ziehen)*

7) $\quad y_3 \quad = \quad \sqrt{\dfrac{91\,r^2}{100}}$ *(ziehe die Wurzel partiell)*

8) $\quad y_3 \quad = \quad \frac{r}{10} \sqrt{91}$

9) $\quad \cdot\, y_3 \quad = \quad \frac{r}{10} \cdot 9{,}539392014$

10) $\quad y_3 \quad = \quad \frac{r}{10} \cdot 9{,}54$ *(gerundet)*

Nach diesem Muster kannst du die anderen y berechnen.
Wenn du dir das System klar machst - es geht nur um die
Subtraktion von Quadratzahlen (s. Zeile 5) - dann kannst du
dir viel Schreibarbeit ersparen.
Fange mit y_1 an, dann y_2, y_4 usw..
Schreibe die y listenartig untereinander auf, dann hast du es
bei der Berechnung der einzelnen Flächeninhalte A_1, A_2, ... , A_9
leichter.

PARCOURS 2:

4. HILFE

Die Berechnung des Rechtecks A_3 als Beispiel für die anderen Rechteckflächen:

$$A_3 = a \cdot b$$

$$A_3 = a \cdot y_3$$

$$A_3 = \frac{r}{10} \cdot \frac{r}{10} \cdot 9{,}54$$

$$A_3 = \frac{r^2}{100} \cdot 9{,}54$$

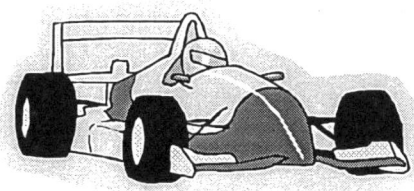

PARCOURS 2:

5. HILFE

$$A_1 = a \cdot b = \frac{r}{10} \cdot y_1 = \frac{r}{10} \cdot \frac{r}{10} \cdot 9{,}95 = \frac{r^2}{100} \cdot 9{,}95$$

$$A_2 = a \cdot b = \frac{r}{10} \cdot y_2 = \frac{r}{10} \cdot \frac{r}{10} \cdot 9{,}80 = \frac{r^2}{100} \cdot 9{,}80$$

$$A_3 \quad \text{(s. 4. Hilfe)}$$

$$A_4 = a \cdot b = \frac{r}{10} \cdot y_4 = \frac{r}{10} \cdot \frac{r}{10} \cdot 9{,}17 = \frac{r^2}{100} \cdot 9{,}17$$

$$A_5 = a \cdot b = \frac{r}{10} \cdot y_5 = \frac{r}{10} \cdot \frac{r}{10} \cdot 8{,}66 = \frac{r^2}{100} \cdot 8{,}66$$

$$A_6 = a \cdot b = \frac{r}{10} \cdot y_6 = \frac{r}{10} \cdot \frac{r}{10} \cdot 8{,}00 = \frac{r^2}{100} \cdot 8{,}00$$

$$A_7 = a \cdot b = \frac{r}{10} \cdot y_7 = \frac{r}{10} \cdot \frac{r}{10} \cdot 7{,}14 = \frac{r^2}{100} \cdot 7{,}14$$

$$A_8 = a \cdot b = \frac{r}{10} \cdot y_8 = \frac{r}{10} \cdot \frac{r}{10} \cdot 6{,}00 = \frac{r^2}{100} \cdot 6{,}00$$

$$A_9 = a \cdot b = \frac{r}{10} \cdot y_9 = \frac{r}{10} \cdot \frac{r}{10} \cdot 4{,}36 = \frac{r^2}{100} \cdot 4{,}36$$

PARCOURS 2:

6. HILFE

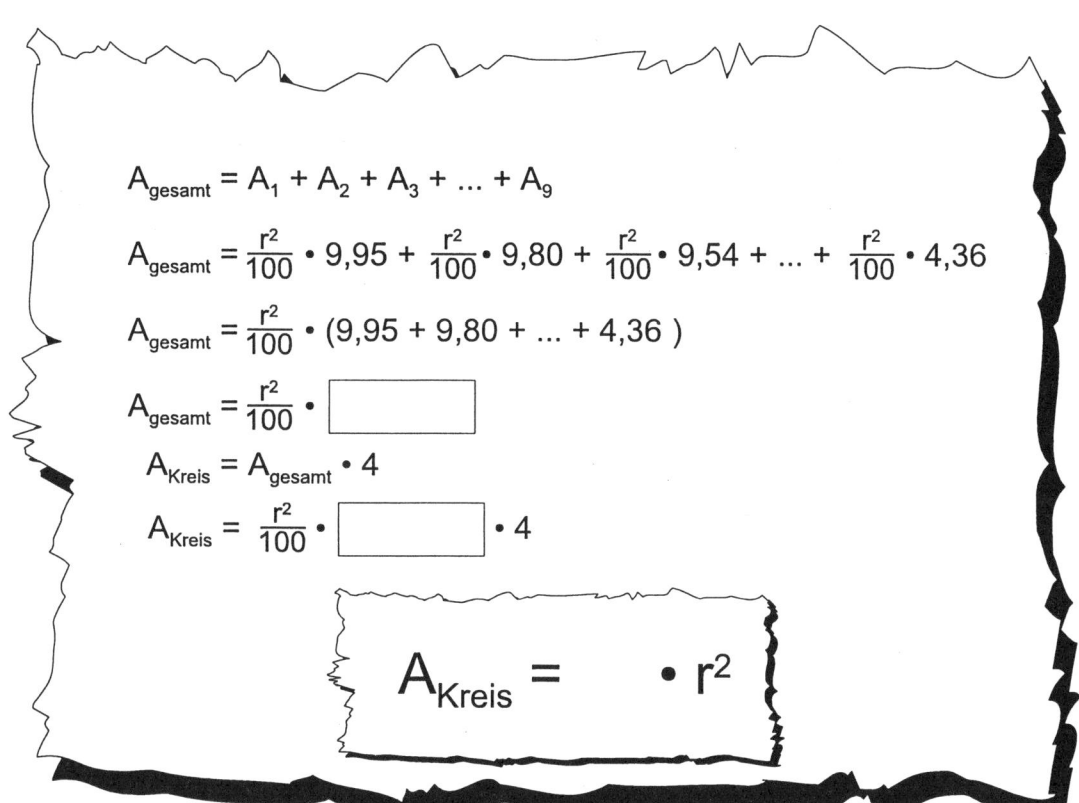

$$A_{gesamt} = A_1 + A_2 + A_3 + ... + A_9$$

$$A_{gesamt} = \frac{r^2}{100} \cdot 9{,}95 + \frac{r^2}{100} \cdot 9{,}80 + \frac{r^2}{100} \cdot 9{,}54 + ... + \frac{r^2}{100} \cdot 4{,}36$$

$$A_{gesamt} = \frac{r^2}{100} \cdot (9{,}95 + 9{,}80 + ... + 4{,}36\,)$$

$$A_{gesamt} = \frac{r^2}{100} \cdot \boxed{}$$

$$A_{Kreis} = A_{gesamt} \cdot 4$$

$$A_{Kreis} = \frac{r^2}{100} \cdot \boxed{} \cdot 4$$

$$A_{Kreis} = \cdot r^2$$

PARCOURS 2:

7. HILFE

$$y_1 = \frac{r}{10} \cdot 9{,}95$$
$$y_2 = \frac{r}{10} \cdot 9{,}80$$
$$y_3 = \frac{r}{10} \cdot 9{,}54$$
$$y_4 = \frac{r}{10} \cdot 9{,}17$$
$$y_5 = \frac{r}{10} \cdot 8{,}66$$
$$y_6 = \frac{r}{10} \cdot 8{,}00$$
$$y_7 = \frac{r}{10} \cdot 7{,}14$$
$$y_8 = \frac{r}{10} \cdot 6{,}00$$
$$y_9 = \frac{r}{10} \cdot 4{,}36$$

$$y_1 = \sqrt{\frac{99}{100} r^2} = \frac{r}{10} \cdot \sqrt{99}$$
$$y_2 = \sqrt{\frac{96}{100} r^2} = \frac{r}{10} \cdot \sqrt{96}$$
$$y_3 = \sqrt{\frac{91}{100} r^2} = \frac{r}{10} \cdot \sqrt{91}$$
$$y_4 = \sqrt{\frac{84}{100} r^2} = \frac{r}{10} \cdot \sqrt{84}$$
$$y_5 = \sqrt{\frac{75}{100} r^2} = \frac{r}{10} \cdot \sqrt{75}$$
$$y_6 = \sqrt{\frac{64}{100} r^2} = \frac{r}{10} \cdot \sqrt{64}$$
$$y_7 = \sqrt{\frac{51}{100} r^2} = \frac{r}{10} \cdot \sqrt{51}$$
$$y_8 = \sqrt{\frac{36}{100} r^2} = \frac{r}{10} \cdot \sqrt{36}$$
$$y_9 = \sqrt{\frac{19}{100} r^2} = \frac{r}{10} \cdot \sqrt{19}$$

$$y_1^2 = r^2 - \frac{1}{100} r^2 = \frac{100}{100} r^2 - \frac{1}{100} r^2 = \frac{99}{100} r^2$$
$$y_2^2 = r^2 - \frac{4}{100} r^2 = \frac{100}{100} r^2 - \frac{4}{100} r^2 = \frac{96}{100} r^2$$
$$y_3^2 = r^2 - \frac{9}{100} r^2 = \frac{100}{100} r^2 - \frac{9}{100} r^2 = \frac{91}{100} r^2$$
$$y_4^2 = r^2 - \frac{16}{100} r^2 = \frac{100}{100} r^2 - \frac{16}{100} r^2 = \frac{84}{100} r^2$$
$$y_5^2 = r^2 - \frac{25}{100} r^2 = \frac{100}{100} r^2 - \frac{25}{100} r^2 = \frac{75}{100} r^2$$
$$y_6^2 = r^2 - \frac{36}{100} r^2 = \frac{100}{100} r^2 - \frac{36}{100} r^2 = \frac{64}{100} r^2$$
$$y_7^2 = r^2 - \frac{49}{100} r^2 = \frac{100}{100} r^2 - \frac{49}{100} r^2 = \frac{51}{100} r^2$$
$$y_8^2 = r^2 - \frac{64}{100} r^2 = \frac{100}{100} r^2 - \frac{64}{100} r^2 = \frac{36}{100} r^2$$
$$y_9^2 = r^2 - \frac{81}{100} r^2 = \frac{100}{100} r^2 - \frac{81}{100} r^2 = \frac{19}{100} r^2$$

$$y_1: \quad r^2 = \left(\tfrac{1}{10} r\right)^2 + y_1^2$$
$$y_2: \quad r^2 = \left(\tfrac{2}{10} r\right)^2 + y_2^2$$
$$y_3: \quad r^2 = \left(\tfrac{3}{10} r\right)^2 + y_3^2$$
$$y_4: \quad r^2 = \left(\tfrac{4}{10} r\right)^2 + y_4^2$$
$$y_5: \quad r^2 = \left(\tfrac{5}{10} r\right)^2 + y_5^2$$
$$y_6: \quad r^2 = \left(\tfrac{6}{10} r\right)^2 + y_6^2$$
$$y_7: \quad r^2 = \left(\tfrac{7}{10} r\right)^2 + y_7^2$$
$$y_8: \quad r^2 = \left(\tfrac{8}{10} r\right)^2 + y_8^2$$
$$y_9: \quad r^2 = \left(\tfrac{9}{10} r\right)^2 + y_9^2$$

PARCOURS 2:

LÖSUNG

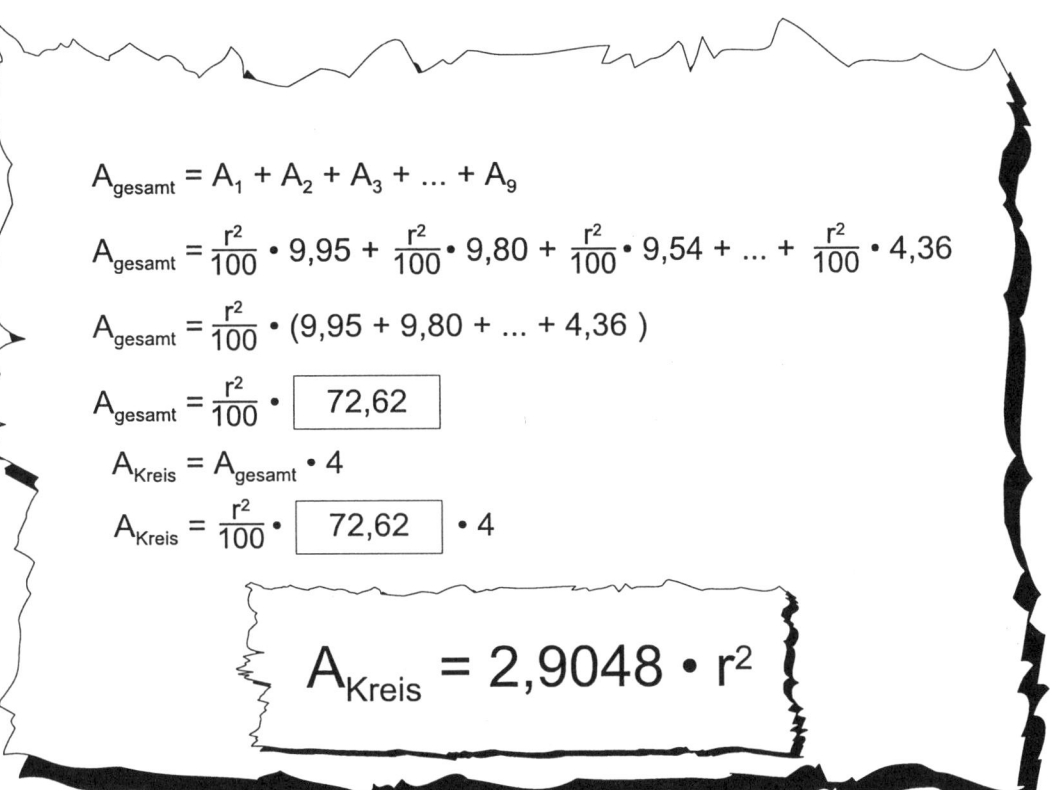

$$A_{gesamt} = A_1 + A_2 + A_3 + ... + A_9$$

$$A_{gesamt} = \frac{r^2}{100} \cdot 9{,}95 + \frac{r^2}{100} \cdot 9{,}80 + \frac{r^2}{100} \cdot 9{,}54 + ... + \frac{r^2}{100} \cdot 4{,}36$$

$$A_{gesamt} = \frac{r^2}{100} \cdot (9{,}95 + 9{,}80 + ... + 4{,}36)$$

$$A_{gesamt} = \frac{r^2}{100} \cdot \boxed{72{,}62}$$

$$A_{Kreis} = A_{gesamt} \cdot 4$$

$$A_{Kreis} = \frac{r^2}{100} \cdot \boxed{72{,}62} \cdot 4$$

$$A_{Kreis} = 2{,}9048 \cdot r^2$$

Stationenlernen: Rund um den Kreis

PARCOURS 3:
DIE BERECHNUNG DER KREISFLÄCHE ÜBER
EINBESCHRIEBENE UND UMBESCHRIEBENE SECHSREIECKE

I. Beschreibung:

An dieser Station entwickelst du die Formel für die Kreisfläche,
indem du die Fläche der sechs
a) einbeschriebenen Dreiecke und der
b) umbeschriebenen Dreiecke
berechnest, die jeweils die beiden Sechsecke bilden.
Imformiere dich genau an der Zeichnung (Abb. 1).
Beschreibe die Dreiecke!
Der Durchschnitt aus beiden Flächen ist ein guter Wert
für die Flächeninhaltsformel A_{Kreis}.

II. Materialliste:

entfällt

III. Arbeitsanweisungen:

A: Der Flächeninhalt der einbeschriebenen Dreiecke A_i (siehe Abb. 2).

   1. Zur Berechnung des Flächeninhalts der A_i brauchst du die Höhe h
   in dem Dreieck. Ein alter Grieche hilft! (1. Hilfe?)

   2. Summiere dann die Flächen aller Dreiecke. (2. Hilfe?)

B: Der Flächeninhalt der umbeschriebenen Dreiecke A_a (siehe Zeichnung).

   1. In den gleichseitigen Dreiecken brauchst du die Seite s bzw. $\frac{s}{2}$.
   Berechnung nach demselben Muster wie unter A.

C: Bilde nun den Durchschnitt (Mittelwert) der beiden Sechseckflächen.
Wenn du richtig gerechnet hast, erhältst du eine Formel, die dir zeigt,
dass A_{Kreis} vom Quadrat des Kreisradius r abhängt.

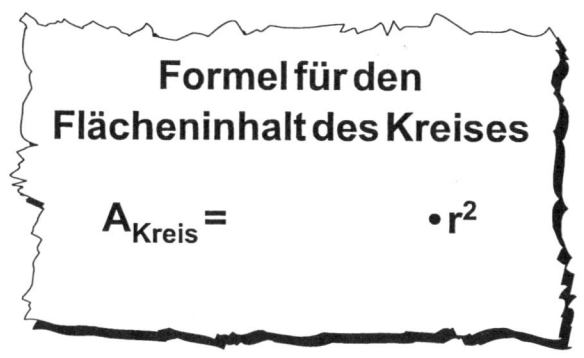

**Formel für den
Flächeninhalt des Kreises**

$$A_{Kreis} = \qquad \cdot r^2$$

PARCOURS 3:
DIE BERECHNUNG DER KREISFLÄCHE ÜBER EINBESCHRIEBENE UND UMBESCHRIEBENE SECHSECKE

Abb. 1

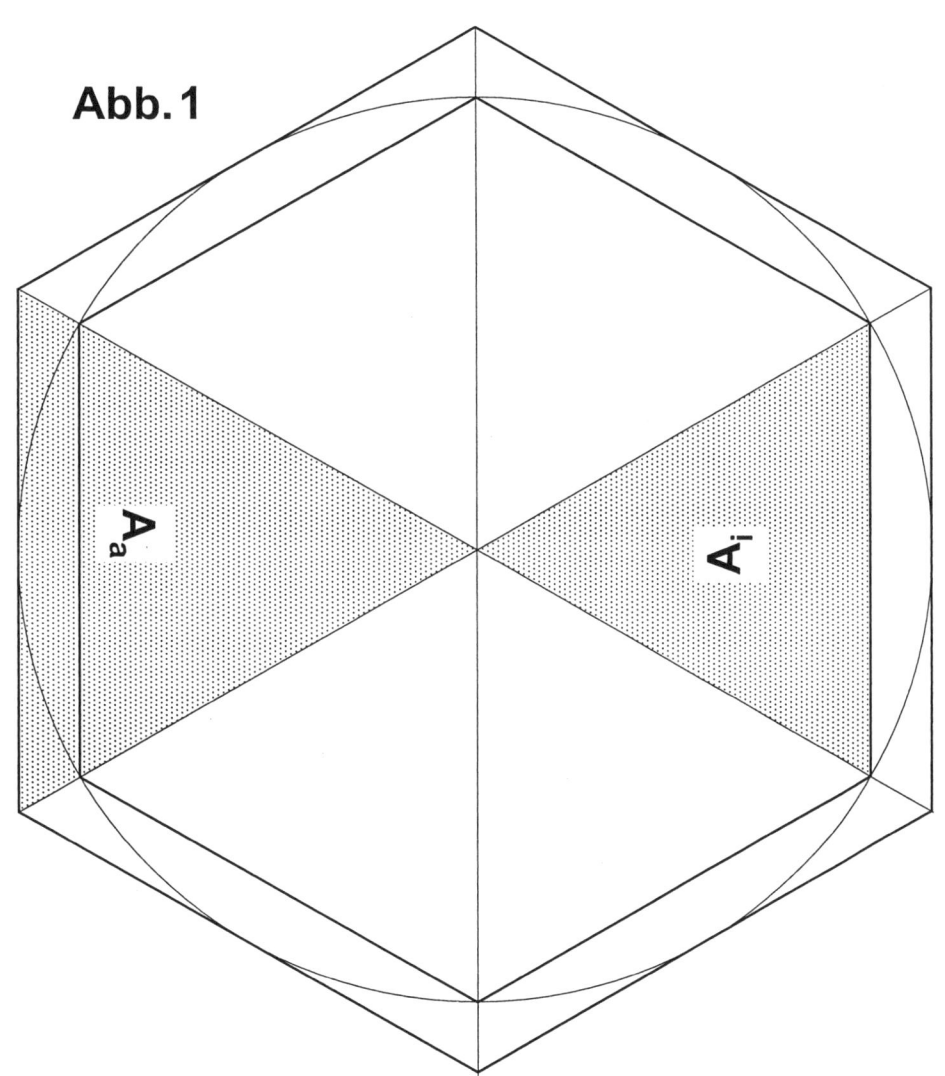

PARCOURS 3:
DIE BERECHNUNG DER KREISFLÄCHE ÜBER
EINBESCHRIEBENE UND UMBESCHRIEBENE SECHSECKE

Abb. 2

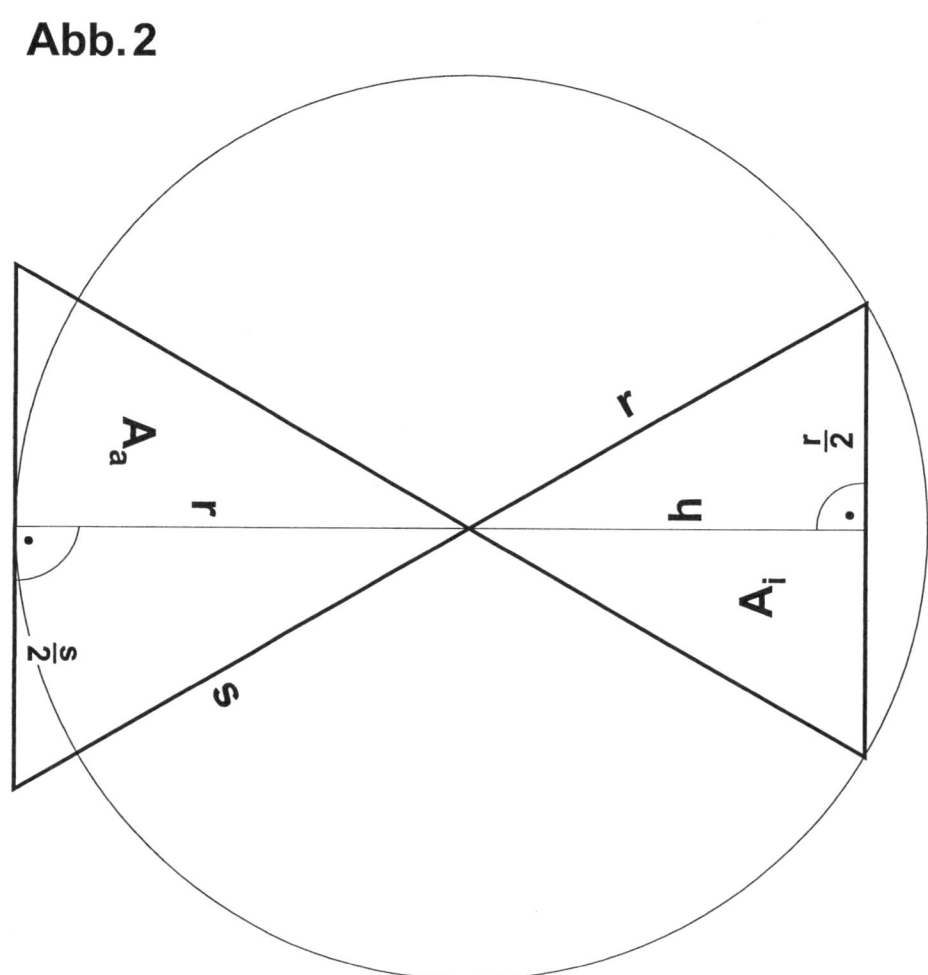

PARCOURS 3:

1. HILFE

Alle Teildreiecke in Abb. 2 sind rechtwinklig.

Damit halbieren die Höhen die Seiten,

auf denen sie senkrecht stehen.

Um h bzw. $\frac{s}{2}$ zu berechnen, brauchst

du den Satz des Pythagoras: $c^2 = a^2 + b^2$.

Berechnung von h:

$r^2 = h^2 + \left(\frac{r}{2}\right)^2$

$h^2 = r^2 - \left(\frac{r}{2}\right)^2$

$h = \sqrt{r^2 - \frac{r^2}{4}}$

$h = \sqrt{\frac{3r^2}{4}}$

$h = \frac{r}{2} \cdot \sqrt{3}$

Ebenso berechnest du $\frac{s}{2}$ in dem anderen
Dreieck, nur ist hier s die Hypotenuse:

$s^2 = \left(\frac{s}{2}\right)^2 + r^2$

$s^2 - \frac{s^2}{4} = r^2$

$\frac{3}{4}s^2 = r^2$

$s^2 = \frac{4}{3}r^2$

$s = \frac{2r}{\sqrt{3}}$

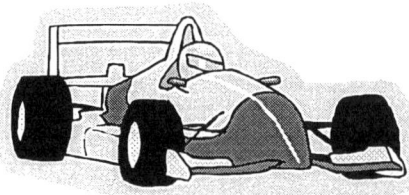

PARCOURS 3:

2. HILFE

Die Formel für den Flächeninhalt eines Dreiecks
kannst du im Buch nachsehen:

$$A_{\text{Dreieck}} = \frac{g \cdot h}{2}$$

MERKE: *(Grundseite mal zugehörige Höhe durch 2)*

$$A_{\text{Sechseck}} = 6 \cdot A_{\text{Dreieck}}$$

jeweils für die ein- und umbeschriebenen Sechsecke

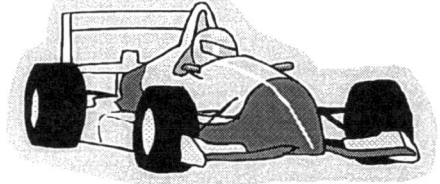

PARCOURS 3:
DIE BERECHNUNG DER KREISFLÄCHE ÜBER EINBESCHRIEBENE UND UMBESCHRIEBENE SECHSECKE

Lösung:

$$A_i = \frac{h \cdot r}{2} \qquad h = \frac{r \cdot \sqrt{3}}{2}$$

$$A_i = \frac{r \cdot \sqrt{3}}{2} \cdot \frac{r}{2}$$

$$A_i = \frac{r^2 \cdot \sqrt{3}}{4}$$

$$A_a = \frac{s \cdot r}{2} \qquad s = \frac{2 \cdot r}{\sqrt{3}}$$

$$A_a = \frac{2 \cdot r}{\sqrt{3}} \cdot \frac{r}{2}$$

$$A_a = \frac{r^2}{\sqrt{3}}$$

$$A_a = \frac{r^2 \cdot \sqrt{3}}{\sqrt{3} \cdot \sqrt{3}} \qquad \textit{mit } \sqrt{3} \textit{ erweitert}$$

$$A_a = \frac{r^2 \cdot \sqrt{3}}{3}$$

$$A_{\text{einbeschriebenes Sechseck}} = 6 \cdot \frac{r^2 \cdot \sqrt{3}}{4} \qquad A_{\text{umbeschriebenes Sechseck}} = 6 \cdot \frac{r^2 \cdot \sqrt{3}}{3}$$

$$A_{\text{einbeschriebenes Sechseck}} = \frac{3r^2 \cdot \sqrt{3}}{2} \qquad A_{\text{umbeschriebenes Sechseck}} = 2r^2 \cdot \sqrt{3}$$

$$\text{Mittelwert} = \frac{\dfrac{3r^2 \cdot \sqrt{3}}{2} + 2r^2 \cdot \sqrt{3}}{2}$$

$$\text{Mittelwert} = 1{,}75 \cdot \sqrt{3} \cdot r^2$$

Formel für den Flächeninhalt des Kreises

$$A_{\text{Kreis}} = 1{,}75 \cdot \sqrt{3} \cdot r^2$$
$$A_{\text{Kreis}} = 3{,}031088913 \cdot r^2$$

PARCOURS 4 :
BERECHNUNG DER KREISFLÄCHE ÜBER TRAPEZE

Suche dir einen Partner oder eine Partnerin!

I. Beschreibung:

An dieser Station benutzt du die Formel für die Fläche eines Trapezes, um die Formel für die Fläche eines Kreises aufzustellen. Die Trapeze und das einzelne Dreieck sind aber zusammen etwas kleiner als die Fläche des Viertelkreises. Das musst du berücksichtigen. Der Zahlenwert, den du errechnest, ist deshalb etwas zu klein. Siehe Zeichnung!

II. Materialliste:

entfällt

III. Arbeitsanweisungen:

1. Um die einzelnen Trapezflächen zu berechnen, brauchst du die Seiten y_1 bis y_9. Das geht mit dem guten, alten P... . Suche dir entsprechende rechtwinklige Dreiecke. Das hast du sofort raus (1. Hilfe?).

2. Wenn du die Gleichung aufgestellt hast, musst du jeweils nach y auflösen (2. Hilfe?).

3. Berechne jetzt nacheinander die Flächen A_1 (Dreieck) und A_2, ... , A_{10}. Das dauert jetzt lange, aber es ist immer »the same procedure« (3. Hilfe?).

4. Wenn du alle Flächen addierst, kannst du teilweise die Wurzel ziehen und dann $\frac{r^2}{100}$ ausklammern. In der Klammer bleiben nur Wurzeln zurück, die du dann ausrechnen und addieren kannst (4. Hilfe?).

5. Wenn du alles richtig gemacht hast und auch noch mit 4 multipliziert hast, dann erhältst du die

Formel für den
Flächeninhalt des Kreises
$A_{Kreis} = \quad \cdot r^2$

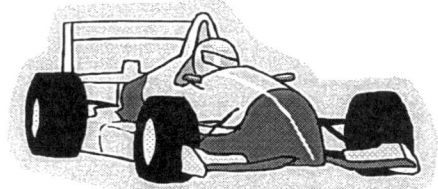

PARCOURS 4:
BERECHNUNG DER KREISFLÄCHE ÜBER TRAPEZE

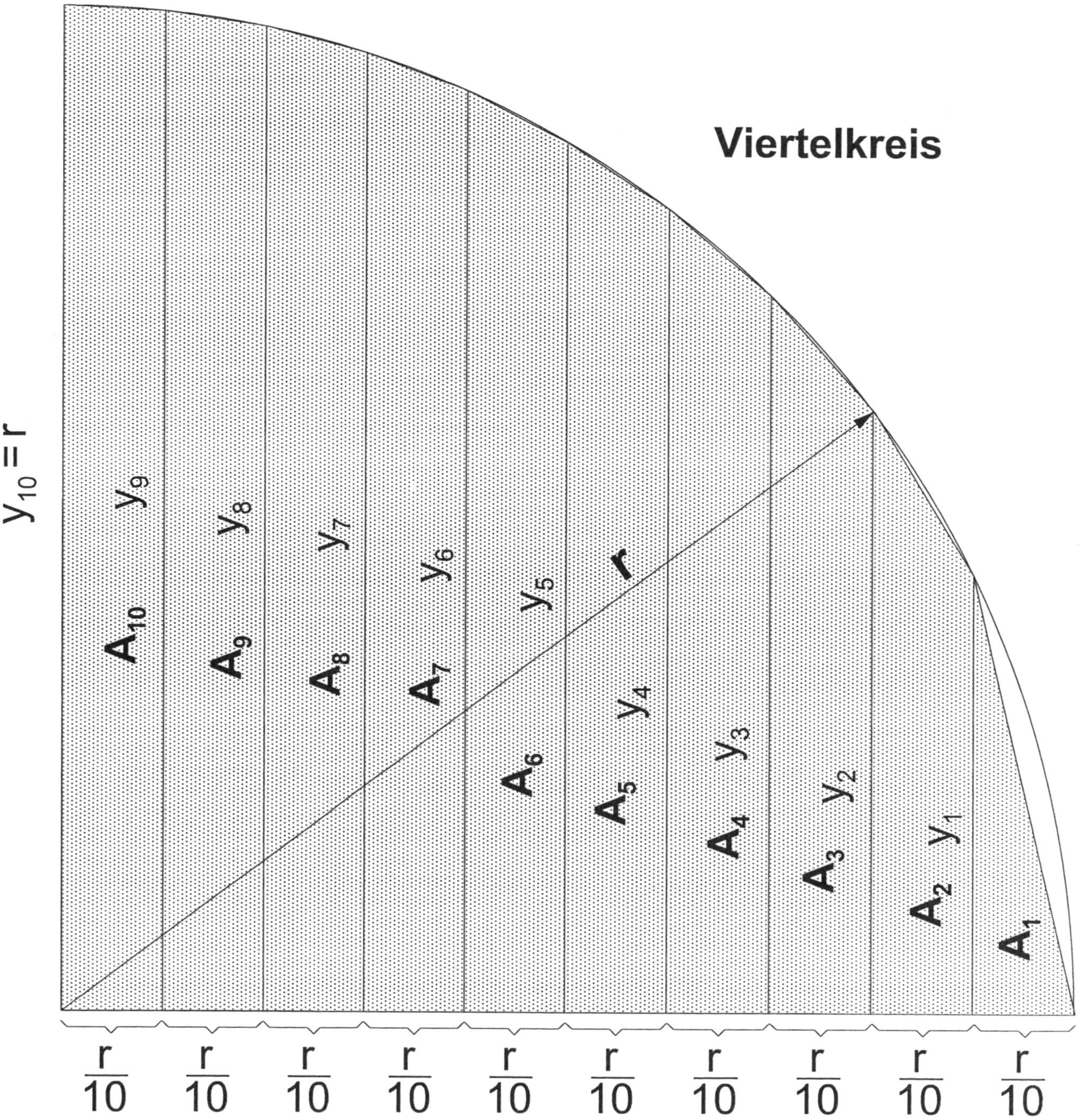

Viertelkreis

$y_{10} = r$

y_9

y_8

y_7

y_6

y_5

r

y_4

y_3

y_2

y_1

A_{10} A_9 A_8 A_7 A_6 A_5 A_4 A_3 A_2 A_1

$\dfrac{r}{10}$ $\dfrac{r}{10}$ $\dfrac{r}{10}$ $\dfrac{r}{10}$ $\dfrac{r}{10}$ $\dfrac{r}{10}$ $\dfrac{r}{10}$ $\dfrac{r}{10}$ $\dfrac{r}{10}$ $\dfrac{r}{10}$

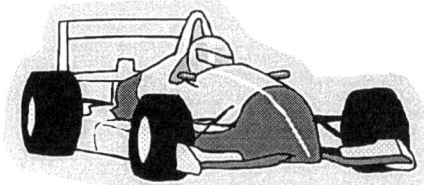

PARCOURS 4:

1. HILFE

Wenn du z. B. y_2 berechnen willst, hilft der Satz des Pythagoras, denn y_2 ist die eine Kathete, die andere Kathete ist $8 \cdot \frac{r}{10}$ (zähle nach). Die zu diesem Dreieck gehörende Hypotenuse ist r.

Übrigens ist r in allen anderen Dreiecken ebenfalls Hypotenuse.

PARCOURS 4:

2. HILFE

Die Gleichung für die Berechnung von y_2 lautet:

$$y_2^2 + (8 \cdot \frac{r}{10})^2 = r^2$$

$$y_2^2 + \frac{64\,r^2}{100} = r^2 \qquad \Big| - \frac{64\,r^2}{100}$$

$$y_2^2 = r^2 - \frac{64\,r^2}{100}$$

r^2 wird mit 100 erweitert. Ziehe die Wurzel.

$$y_2 = \sqrt{\frac{100\,r^2}{100} - \frac{64\,r^2}{100}}$$

$$y_2 = \sqrt{\frac{36\,r^2}{100}}$$

$$y_2 = \frac{6\,r}{10}$$

$$y_2 = \frac{r}{10} \cdot 6$$

Bei den anderen Aufgaben bleibt statt der 6 eine Wurzel übrig, z. B.

$$y_3 = \frac{r}{10} \cdot \sqrt{51} = \frac{r}{10} \cdot 7{,}141428$$

PARCOURS 4:

3. HILFE

Die Formel für den Flächeninhalt des Trapezes lautet:

$$A_{Trapez} = \frac{a+b}{2} \cdot h$$

Für den Flächeninhalt des 3. Trapezes A_3 ist a die 1. parallele Grundseite, hier y_2, b ist die 2. parallele Grundseite, hier y_3.

$$A_{3.\ Trapez} = \frac{\frac{6r}{10} + \frac{\sqrt{51} \cdot r}{10}}{2} \cdot \frac{r}{10}$$

$$A_{3.\ Trapez} = \frac{\left(\frac{6r}{10} + \frac{\sqrt{51} \cdot r}{10}\right) \cdot \frac{r}{10}}{2}$$

$$A_{3.\ Trapez} = \frac{\frac{6r^2}{100} + \frac{\sqrt{51} \cdot r^2}{100}}{2}$$

Klammere $\frac{r^2}{100}$ aus

$$A_{3.\ Trapez} = \frac{r^2}{100} \cdot \frac{6 + \sqrt{51}}{2}$$

$$A_{3.\ Trapez} = \frac{r^2}{100} \cdot \frac{6 + 7{,}141428}{2}$$

$$A_{3.\ Trapez} = \frac{r^2}{100} \cdot 6{,}570714$$

PARCOURS 4:

4. HILFE

Die Summe aller Trapezflächen ist A. Dann ist

$$A = A_1 + A_2 + A_3 + A_4 + A_5 + A_6 + A_7 + A_8 + A_9 + A_{10}$$

$$A_1 = \frac{y_1 \cdot \frac{r}{10}}{2} = \frac{\sqrt{r^2 - (\frac{9}{10}r)^2} \cdot \frac{r}{10}}{2} = \frac{\frac{r}{10} \cdot \sqrt{19} \cdot \frac{r}{10}}{2} = \frac{r^2}{100} \cdot 2{,}179449472$$

$$A_2 = \frac{y_1 + y_2}{2} = \frac{\left(\sqrt{r^2 - (\frac{9}{10}r)^2} + \sqrt{r^2 - (\frac{8}{10}r)^2}\right)}{2} \cdot \frac{r}{10} = \frac{r^2}{100} \cdot 5{,}179449472$$

$$A_3 = \frac{y_2 + y_3}{2} = \frac{\left(\sqrt{r^2 - (\frac{8}{10}r)^2} + \sqrt{r^2 - (\frac{7}{10}r)^2}\right)}{2} \cdot \frac{r}{10} = \frac{r^2}{100} \cdot 6{,}570714214$$

$$A_4 = \frac{y_3 + y_4}{2} = \frac{\left(\sqrt{r^2 - (\frac{7}{10}r)^2} + \sqrt{r^2 - (\frac{6}{10}r)^2}\right)}{2} \cdot \frac{r}{10} = \frac{r^2}{100} \cdot 7{,}570714214$$

$$A_5 = \frac{r^2}{100} \cdot 8{,}330127019$$

$$A_6 = \frac{r^2}{100} \cdot 8{,}912702714$$

$$A_7 = \frac{r^2}{100} \cdot 9{,}352271702$$

$$A_8 = \frac{r^2}{100} \cdot 9{,}668675493$$

$$A_9 = \frac{r^2}{100} \cdot 9{,}873916671$$

$$A_{10} = \frac{y_9 + y_{10}}{2} = \frac{\left(\sqrt{r^2 - (\frac{1}{10}r)^2} + \sqrt{r^2 - (\frac{0}{10}r)^2}\right)}{2} \cdot \frac{r}{10} = \frac{r^2}{100} \cdot 9{,}974937186$$

$$A = A_1 + A_2 + A_3 + A_4 + A_5 + A_6 + A_7 + A_8 + A_9 + A_{10} = \frac{r^2}{100} \cdot 77{,}61295816$$

$$A_{Kreis} = 4 \cdot A$$

$$A_{Kreis} = 3{,}1045183261 \cdot r^2$$

PARCOURS 5:
DIE BERECHNUNG DER KREISFLÄCHE ÜBER EIN ACHTECK

I. Beschreibung:

An dieser Station stellst du auf sehr einfache Weise die angenäherte Formel zur Berechnung der Kreisfläche auf. Du musst in der Formel den Radius des Kreises mit der Kreisfläche A_{Kreis} verknüpfen. Zu diesem Zweck berechnest du die Fläche des gerasterten Achtecks (siehe Zeichnung). Die Methode ist supergenau!

II. Materialliste:

entfällt

III. Arbeitsanweisungen:

1. Beachte, dass die Teile des Achtecks, die außerhalb des Kreises liegen, etwa so groß sind wie die Teile des Kreises, die innerhalb des Achtecks liegen.
    Das hebt sich fast gegeneinander auf.
    Gerafft, geschnallt, gepeilt? Lies noch einmal!

2. Überlege dir zuerst, wie lang die Seite eines kleinen Quadrates ist. Dann berechne die Fläche des Achtecks. (1. Hilfe?)

3. Du erhältst eine Formel, in der r^2 vorkommt, also das Quadrat mit dem Radius des Kreises. Das ist richtig! Dir fehlt nur noch die Zahl vor dem r^2.

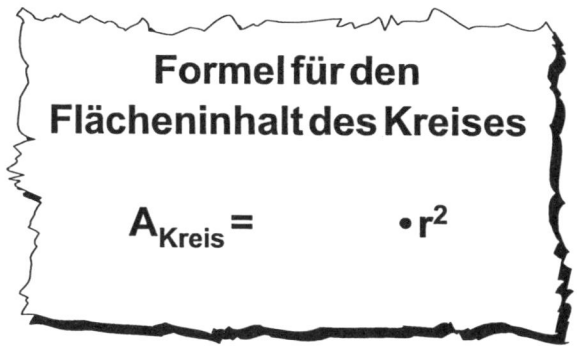

Formel für den Flächeninhalt des Kreises

$$A_{Kreis} = \qquad \cdot r^2$$

PARCOURS 5:
DIE BERECHNUNG DER KREISFLÄCHE ÜBER EIN ACHTECK

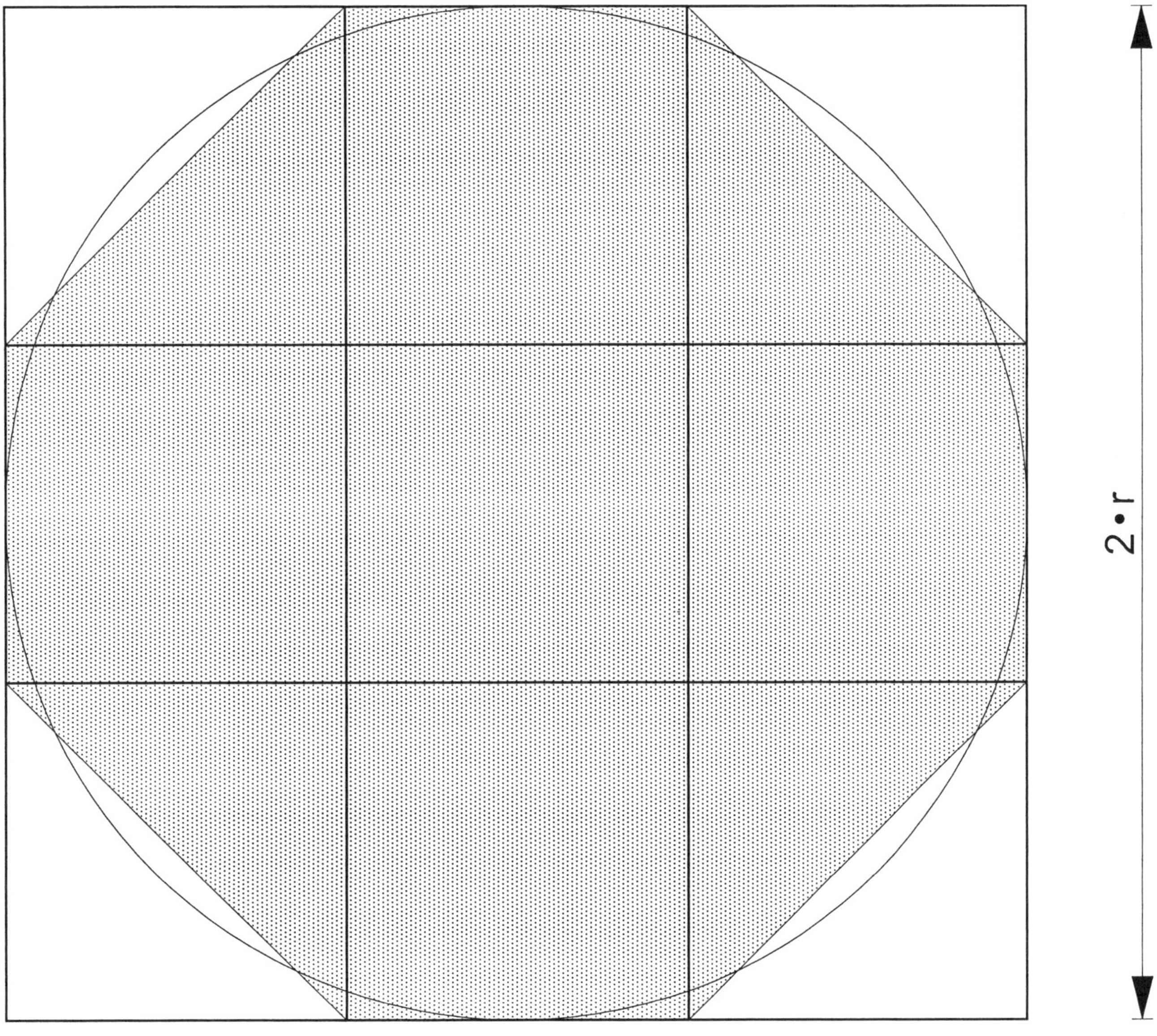

$2 \cdot r$

PARCOURS 5:

1. HILFE

Die Seitenlänge des großen Quadrats ist l = 2 • r.

Die Länge der Seite eines kleinen Quadrates ist nur ein Drittel davon.

Also ist die Länge der Seite eines kleinen Quadrates $\frac{2}{3}$ • r.

PARCOURS 5:
DIE BERECHNUNG DER KREISFLÄCHE ÜBER EIN ACHTECK

Lösung:

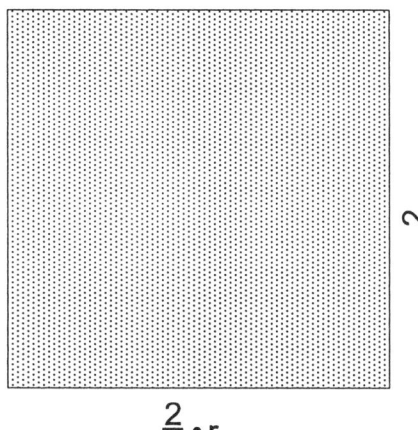

$\frac{2}{3} \cdot r$

Ein kleines Quadrat hat eine Seitenlänge von $\frac{2}{3} \cdot r$.

Der Flächeninhalt dieses Quadrates ist also $\frac{4}{9} \cdot r^2$.

Insgesamt besteht das Achteck aus sieben solcher Quadrate. Also

**Formel für den
Flächeninhalt des Kreises**

$$A_{Kreis} \approx \frac{28}{9} \cdot r^2$$
$$A_{Kreis} \approx 3,\overline{1} \cdot r^2$$

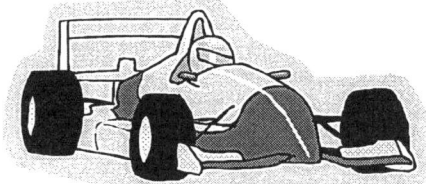

PARCOURS 6:
DIE BERECHNUNG DER KREISFLÄCHE ÜBER EIN EINBESCHRIEBENES UND EIN UMBESCHRIEBENES QUADRAT

I. Beschreibung:

An dieser Station sollst du die Formel für den Flächeninhalt eines Kreises aufstellen, indem du den Durchschnitt der Flächeninhalte aus dem umbeschriebenen und dem einbeschriebenen Quadrat bildest. Schau dir die Zeichnung an!

II. Materialliste:

entfällt

III. Arbeitsanweisungen:

1. Der Kreis hat den Durchmesser $d = 2 \cdot r$.

2. Du kannst sofort den Flächeninhalt des großen Quadrates berechnen. Nenne ihn $A_{\text{Quadrat außen}}$.

3. Berechne nun den Flächeninhalt des kleinen Quadrates $A_{\text{Quadrat innen}}$ (1. Hilfe?). Du kannst hier rechnen, aber mit ein wenig Denken geht´s auch einfacher!

4. Berechne nun den Mittelwert beider Quadrate (2. Hilfe?).

5. Dieser Mittelwert gibt ungefähr die Formel für die Kreisfläche an.

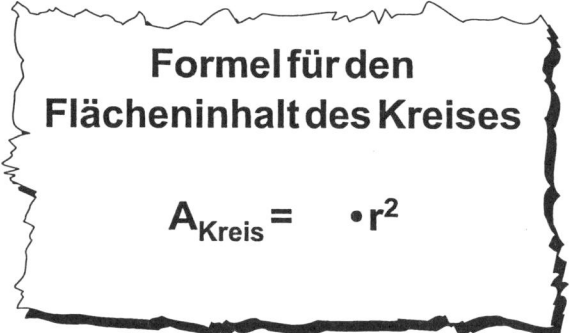

Formel für den Flächeninhalt des Kreises

$$A_{\text{Kreis}} = \quad \cdot r^2$$

PARCOURS 6:
DIE BERECHNUNG DER KREISFLÄCHE ÜBER EIN EINBESCHRIEBENES UND EIN UMBESCHRIEBENES QUADRAT

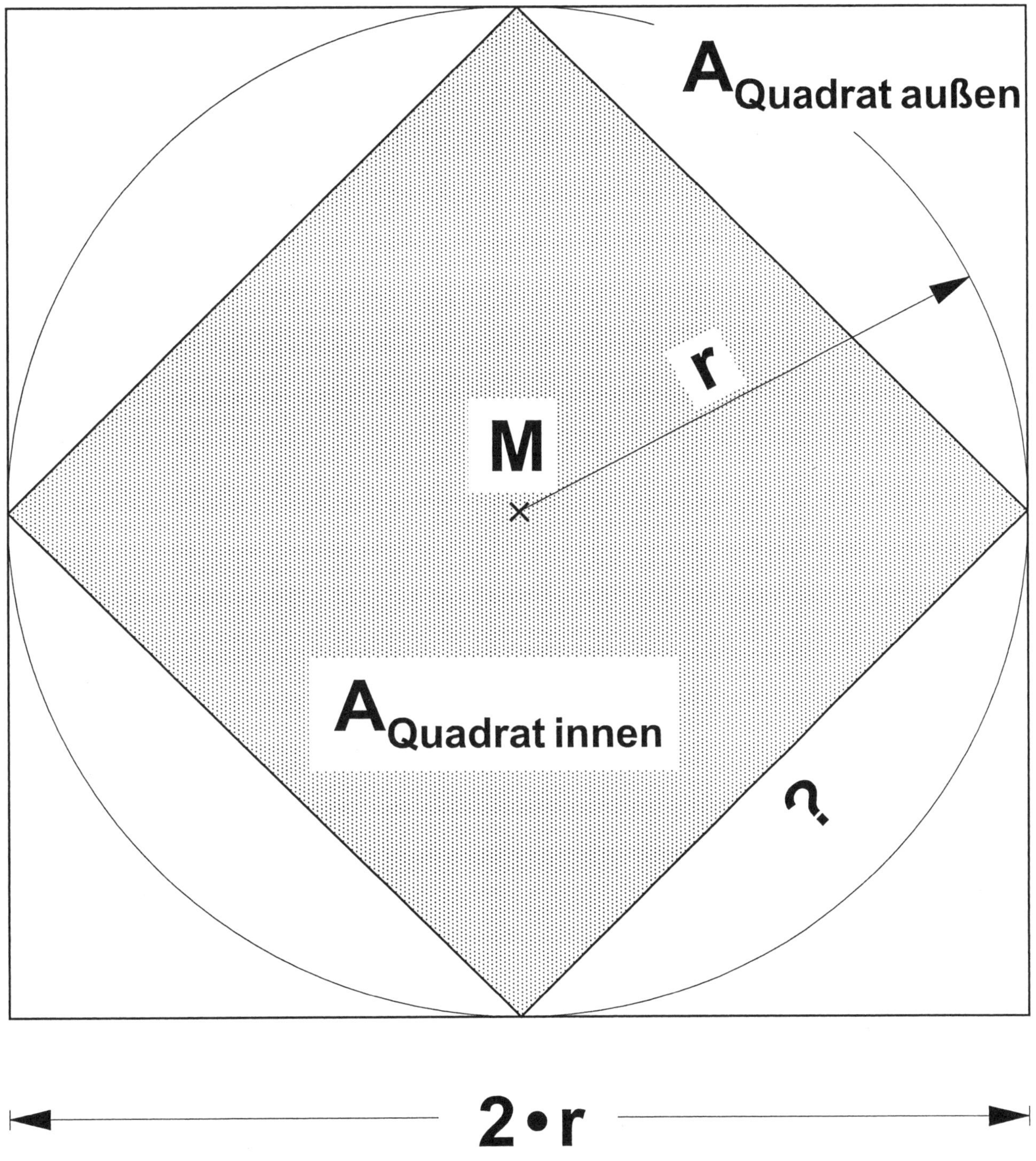

A $_{\text{Quadrat außen}}$

r

M

A $_{\text{Quadrat innen}}$

?

$2 \cdot r$

PARCOURS 6:

1. HILFE

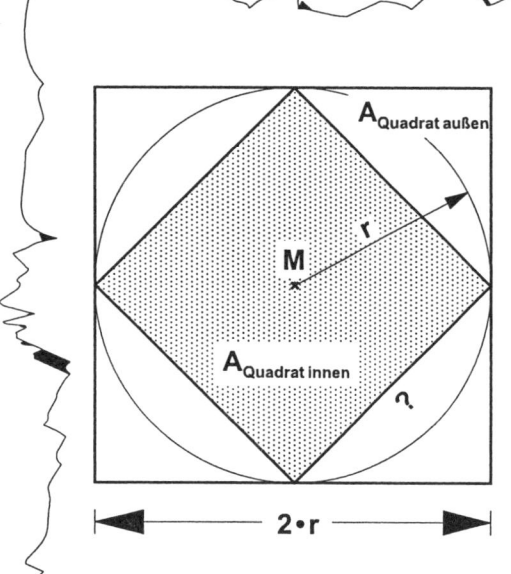

Du kannst den Satz des Pythagoras benutzen. Dann ist eine Seite des kleinen Quadrates die Hypotenuse. Die beiden Katheten haben dann die Länge _____ ?

Wenn du nicht rechnen willst, so betrachte die vier Eckdreiecke, um die das große Quadrat größer ist als das kleine.
Na, dämmert es? Alles Müller, oder?

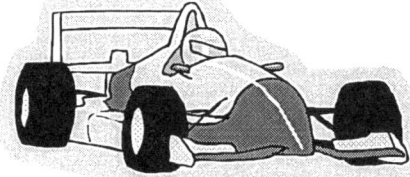

PARCOURS 6:

2. HILFE

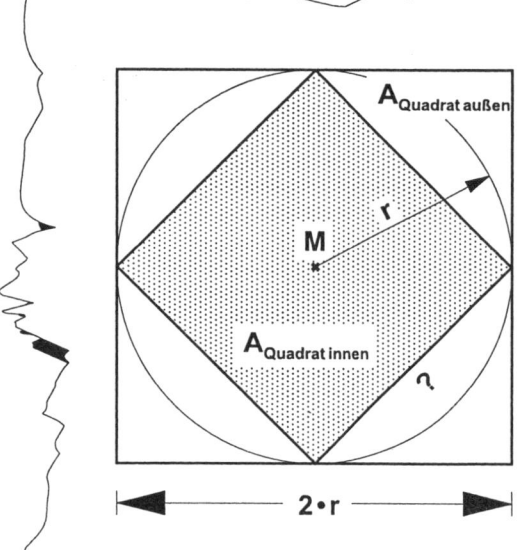

Das große Quadrat hat den Flächeninhalt
$$A_{Quadrat\ außen} = 4 \cdot r^2$$
und das kleine Quadrat den Flächeninhalt
$$A_{Quadrat\ innen} = 2 \cdot r^2.$$

Bilde den Durchschnitt, indem du die beiden Flächen addierst und dann durch 2 teilst.

PARCOURS 6:
DIE BERECHNUNG DER KREISFLÄCHE ÜBER EIN EINBESCHRIEBENES UND EIN UMBESCHRIEBENES QUADRAT

Lösung:

Formel für den Flächeninhalt des Kreises

$$A_{Kreis} = 3 \cdot r^2$$

Zugegeben, das ist eine ziemlich grobe Faustformel, um den Flächeninhalt von Kreisen zu berechnen. Trotzdem sind wir mit diesem Wert in guter Gesellschaft.

Schon in der Bibel rechnete man mit diesem Wert. Auch den Chinesen um 1100 vor Christus war dieser Wert genau genug. Er beträgt immerhin 95,5 % des richtigen Wertes. Ist das nichts?

PARCOURS 7:
DIE BERECHNUNG DER KREISFLÄCHE ÜBER DAS AUSZÄHLEN VON KÄSTCHEN

I. Beschreibung:

An dieser Station kannst du durch Auszählen von Kästchen (jedes Kästchen hat einen Flächeninhalt von $\frac{1}{4}$ cm²) herausfinden, wie oft das Quadrat mit der Seitenlänge r (Radius des Kreises) in den Kreis hineinpasst (siehe Zeichnung).
Damit ergibt sich eine Beziehung zwischen dem Radius r des Kreises und seiner Kreisfläche A_{Kreis}.

II. Materialliste:

- Kästchenpapier
- Zirkel

III. Arbeitsanweisungen:

1. Zeichne auf das Kästchenpapier einen Kreis mit dem Radius r = 5 cm. Das Quadrat mit dem Radius r ist schon herausgehoben.

2. Zähle die Anzahl der Kästchen ($\frac{1}{4}$ cm²), die vollständig innerhalb des Kreises liegen.

3. Bei den Kästchen, bei denen der Rand des Kreises hindurch geht, musst du dich entscheiden.
   a) Liegt das Kästchen deiner Meinung nach zum größeren Teil im Kreis, so zähle es zu den Kästchen, die vollständig innerhalb des Kreises liegen.
   b) Liegt das Kästchen mit seinem größeren Teil außerhalb des Kreises, so lasse es beim Zählen einfach weg.
   Durch diese Methode erhältst du eine Art Durchschnitt.

4. Bilde nun den Quotienten (*dividiert durch*) aus der Anzahl der Kästchen, die im Kreis liegen, und der Anzahl der Kästchen, die im Quadrat mit der Seitenlänge r (*Kreisradius*) liegen. Diese Zahl ist sehr berühmt.

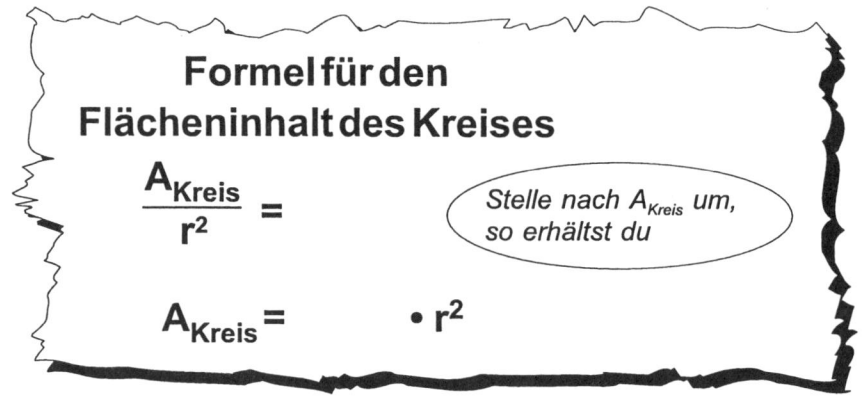

Formel für den Flächeninhalt des Kreises

$$\frac{A_{Kreis}}{r^2} = $$

Stelle nach A_{Kreis} um, so erhältst du

$$A_{Kreis} = \quad \bullet \; r^2$$

PARCOURS 7:
DIE BERECHNUNG DER KREISFLÄCHE ÜBER DAS AUSZÄHLEN VON KÄSTCHEN

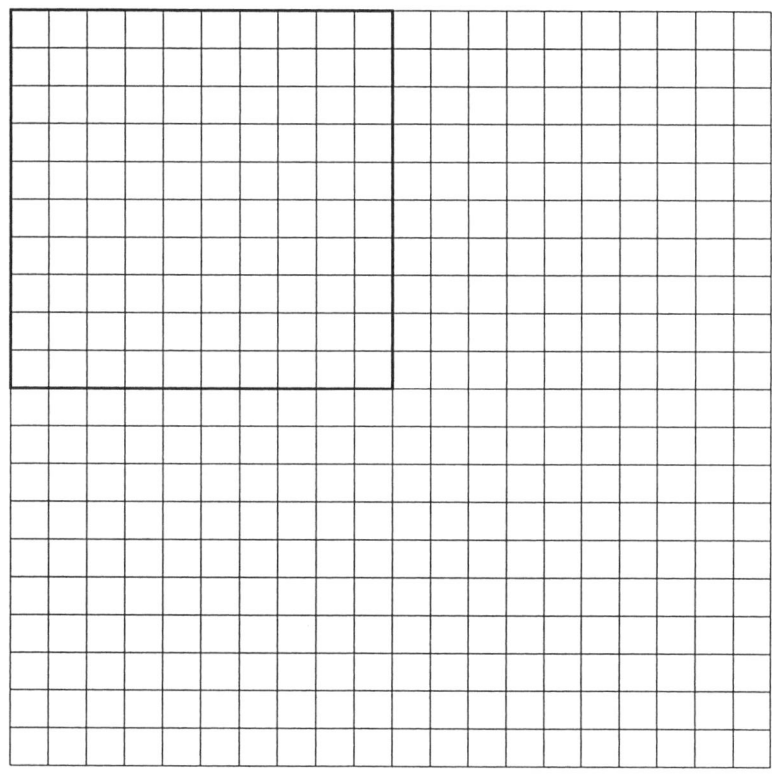

PARCOURS 7:
DIE BERECHNUNG DER KREISFLÄCHE ÜBER DAS AUSZÄHLEN VON KÄSTCHEN

Lösung:

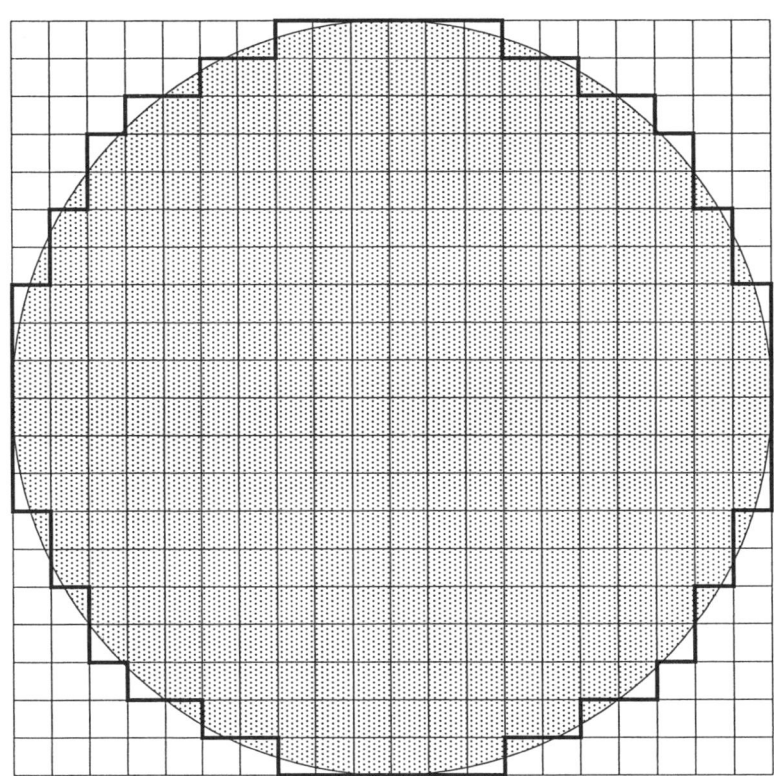

> **Formel für den Flächeninhalt des Kreises**
>
> $A_{Kreis} = 3{,}16 \cdot r^2$

PARCOURS 8:
DIE BERECHNUNG DER KREISFLÄCHE DURCH ZUSAMMENLEGEN VON SEKTOREN

I. Beschreibung:

An dieser Station sollst du die Kreisfläche in gleichgroße Sektoren (*Sektoren sehen aus wie Kuchenstücke*) zerschneiden und auf geschickte Weise wieder zu einer dir gut bekannten Fläche zusammensetzen. An der neuen Figur könntest du den Flächeninhalt der zerlegten Kreises berechnen.

II. Materialliste:

- Kreisflächen mit dem Radius r
- Schere
- Klebstoff
- Die Kreisfläche hat die Bezeichnung A_{Kreis}.

III. Arbeitsanweisungen:

1. Zerschneide die Kreisfläche in acht gleichgroße Sektoren. Einen Kreissektor zerteilst du noch einmal. Setze die neun Teile zu einer anderen bekannten Figur zusammen. Als kleine Hilfe habe ich dir angedeutet, wo du schneiden musst. Die neue Figur ist allerdings noch sehr unvollkommen (1. Hilfe?).

2. Wenn du alle Sektoren noch einmal halbierst und wieder so zusammenlegst, dann wird das Ergebnis noch etwas besser aussehen. Probier's aus.

3. Bestimme nun von der neuen Figur (2. Hilfe) die zwei Längenmaße, die du brauchst, um den Flächeninhalt der neuen Figur und somit des Kreises zu berechnen.
Stelle nun die Formel für den Flächeninhalt des Kreises auf (3. Hilfe?).

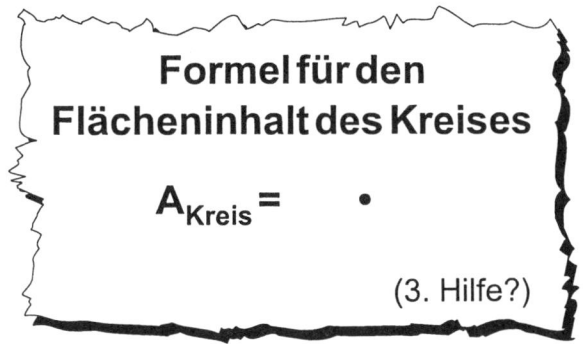

Formel für den Flächeninhalt des Kreises

$$A_{Kreis} = \quad \bullet$$

(3. Hilfe?)

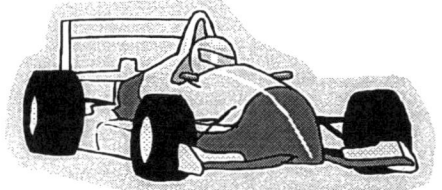

PARCOURS 8:
DIE BERECHNUNG DER KREISFLÄCHE DURCH ZUSAMMENLEGEN VON SEKTOREN

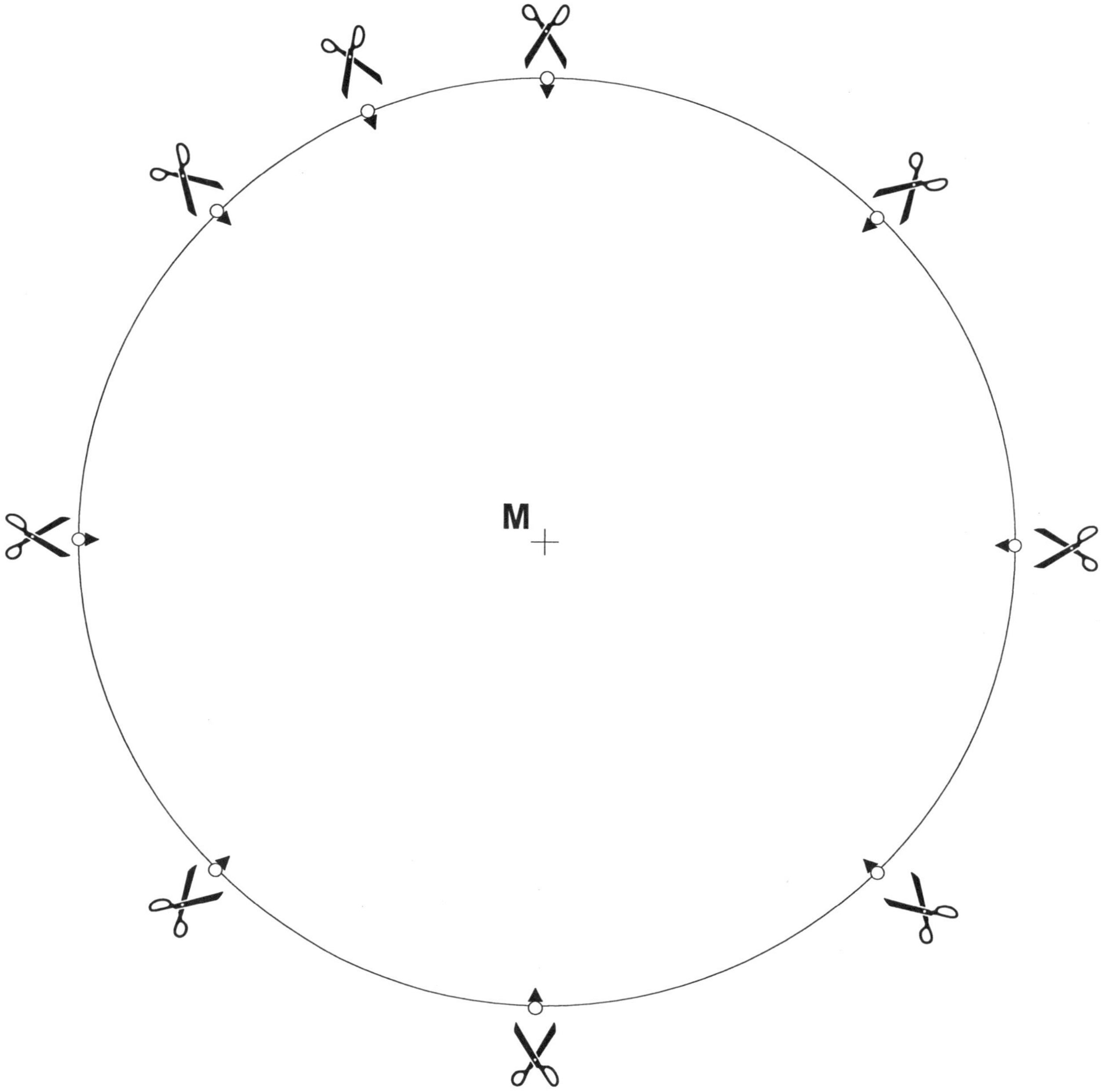

M

PARCOURS 8:

1. HILFE

Lege einen Sektor und plaziere den nächsten Sektor umgekehrt daran. Den dritten Sektor legst du wieder wie den ersten Sektor usw., bis du alle Sektoren zu einem »Band« aneinandergefügt hast. Als Abschluss nimmst du die beiden schmaleren Sektoren.

PARCOURS 8:

2. HILFE

Du hast ungefähr ein Rechteck gelegt. Je schmaler deine Sektoren werden, desto ähnlicher wird deine Figur der eines Rechtecks.
Bestimme nun Länge und Breite des Rechtecks.
Das schaffst du, wenn du dich am Kreis orientierst, den du zerschnitten hast.

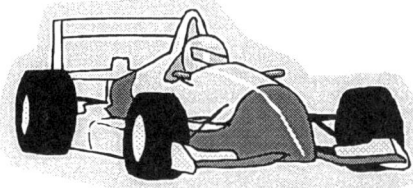

PARCOURS 8:

3. HILFE

Die **Länge** des »Rechtsecks« ist der halbe Umfang des Kreises.
Die **Breite** des »Rechtecks« ist der Radius.
Mithilfe der Flächeninhaltsformel für das Rechteck kannst du nun die Formel für den Flächeninhalt des Kreises angeben.

$$A_{Rechteck} = A_{Kreis} =$$

PARCOURS 9:
DIE BERECHNUNG DER KREISFLÄCHE DURCH SCHNEIDEN UND SCHÄTZEN

I. Beschreibung:

An dieser Station sollst du herausfinden, wie oft das Quadrat mit der Seitenlänge r in die Kreisfläche A_{Kreis} mit dem Radius r hineinpasst.

Dabei musst du die Quadrate mit der Fläche r^2 zerschneiden und mit den zerschnittenen Teilflächen die Kreisfläche **sehr genau** auslegen.

II. Materialliste:

- Kreisfläche (A_{Kreis}) mit dem Radius r
- Quadrate (r^2) mit der Seitenlänge r
- Schere
- Klebstoff

III. Arbeitsanweisungen:

1. Zerschneide die Quadrate so geschickt, dass sie in den Kreis passen.

2. **Erst wenn du ein Quadrat vollständig zerschnitten und es ausgelegt hast**, zerschneide das **nächste** Quadrat!
   Das ist zwar etwas mühsam, aber bleibe genau!

3. Wenn du fertig bist, zähle die Quadratflächen zusammen, die du benötigt hast. Du hast mehr als drei Quadrate verbraucht.
   Wie viel hast du noch vom vierten Quadrat genommen?
   Schätze und gib als Dezimalzahl an.
   Wie oft passt also ein Quadrat in die Kreisfläche?

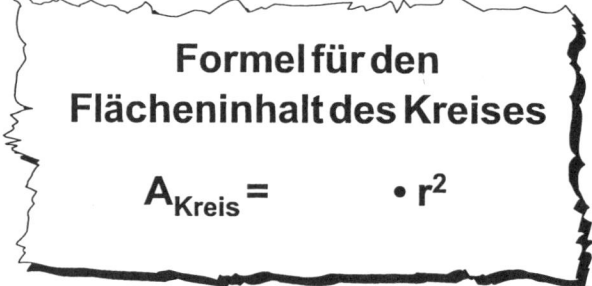

Formel für den Flächeninhalt des Kreises

$$A_{Kreis} = \quad \bullet \ r^2$$

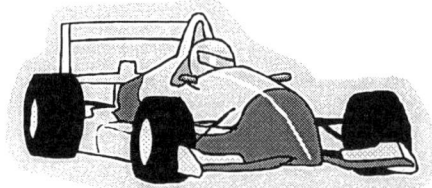

PARCOURS 9:
DIE BERECHNUNG DER KREISFLÄCHE
DURCH SCHNEIDEN UND SCHÄTZEN

Scheibe mehrfach auf stärkerem Karton kopieren und exakt ausschneiden.

PARCOURS 9:
DIE BERECHNUNG DER KREISFLÄCHE
DURCH SCHNEIDEN UND SCHÄTZEN

Die Quadrate haben eine Seitenlänge von 9 cm. Manchmal sind Notizblockzettel in diesen Abmessungen erhältlich, so dass das mehrfache Kopieren und Ausschneiden der hier abgebildeten vier Quadrate entfällt.

PARCOURS 10:
DIE BERECHNUNG DER KREISFLÄCHE DURCH WIEGEN

I. Beschreibung:

Diese Station ist ganz einfach. Du musst die zwei Körper basteln, mit Sand oder dergl. füllen, wiegen und dividieren.

II. Materialliste:

- Klebstoff, Schere und Cuttermesser
- Netze aus Karton (Zylinder und Quadratsäule), Sand, Salz, Reis oder ähnliches
- Waage

III. Arbeitsanweisungen:

1. Erstelle dir aus den Netzen einen Zylinder mit dem Radius r und der Höhe h und eine Quadratsäule mit der Seitenlänge r und der Höhe h.
   Fülle beide Körper randvoll mit deinem Füllmaterial.
   Wiege den Zylinder und die quadratische Säule und notiere die Gewichte.

$$m_{Zylinder} = \underline{\hspace{2cm}} g$$

$$m_{Quadratische\ Säule} = \underline{\hspace{2cm}} g$$

2. Dividiere das Gewicht des Zylinders durch das Gewicht der quadratischen Säule.
   Schreibe diese sehr berühmte Zahl auf:

$$\frac{m_{Zylinder}}{m_{Quadratische\ Säule}} =$$

Wie oft ist also das Gewicht der quadratischen Säule im Zylinder enthalten?

3. Stelle die Formel mit der ermittelten Zahl nach $m_{Zylinder}$ um:

$$m_{Zylinder} =$$

4. Frage: Du hast eigentlich nur zwei Gewichte dividiert und dabei eine Zahl erhalten. Warum kann diese Formel auch gelten für A_{Kreis} und $A_{Quadrat}$ (r^2)? Stelle die entsprechende Formel für den Flächeninhalt der Kreisfläche auf!

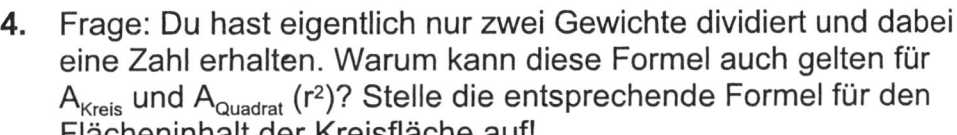

Formel für den Flächeninhalt des Kreises

$$A_{Kreis} = \quad \cdot r^2$$

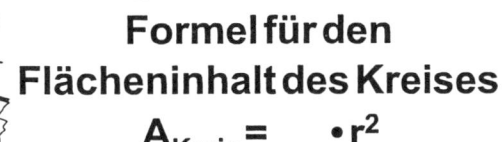

PARCOURS 10:
DIE BERECHNUNG DER KREISFLÄCHE DURCH WIEGEN

Material zum Basteln des Zylinders

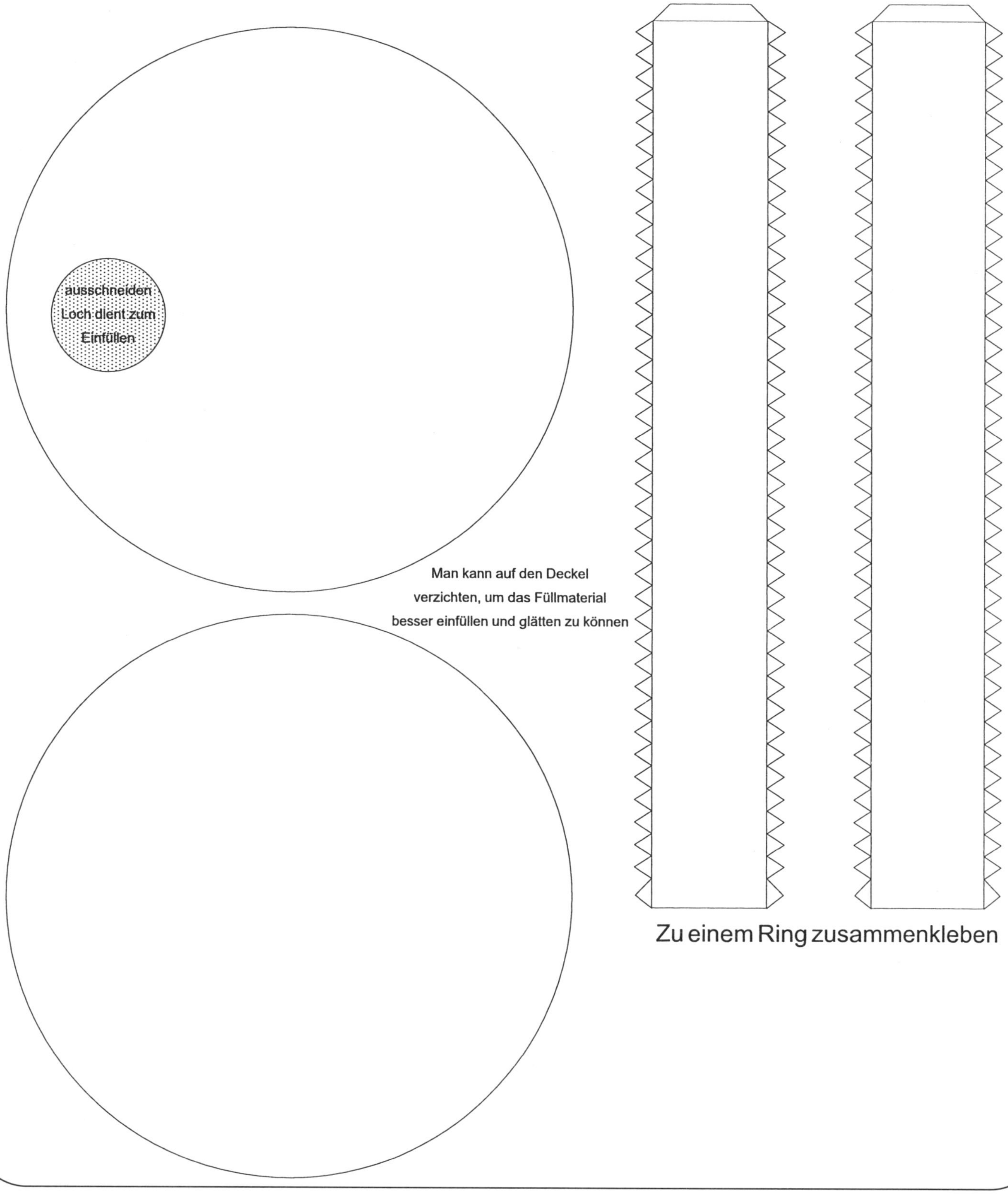

ausschneiden
Loch dient zum
Einfüllen

Man kann auf den Deckel
verzichten, um das Füllmaterial
besser einfüllen und glätten zu können

Zu einem Ring zusammenkleben

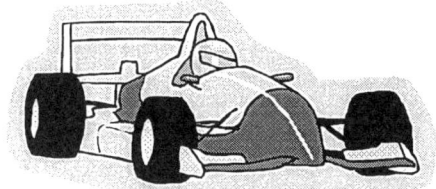

PARCOURS 10:
DIE BERECHNUNG DER KREISFLÄCHE DURCH WIEGEN

Material zum Basteln der quadratischen Säule

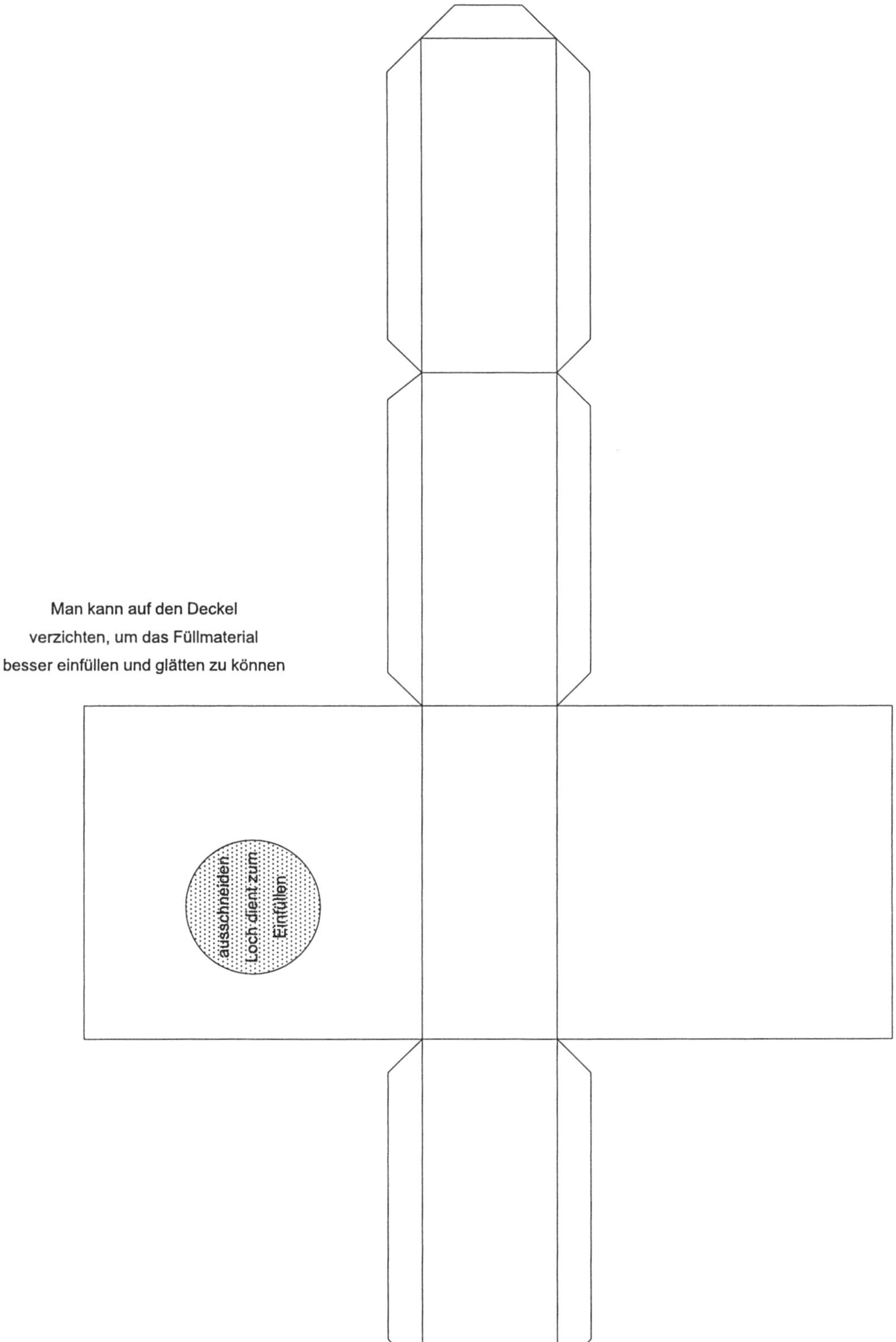

Man kann auf den Deckel
verzichten, um das Füllmaterial
besser einfüllen und glätten zu können

ausschneiden:
Loch dient zum
Einfüllen

PARCOURS 11:
DIE BERECHNUNG DER KREISFLÄCHE MIT HILFE VON ZUFALLSZAHLEN: DIE BERNOULLI-METHODE

I. Beschreibung:

An dieser Station wird ein sehr einfaches Verfahren benutzt, das auf den ersten Blick wenig mit Geometrie zu tun zu haben scheint. Man benutzt dazu vierstellige Zufallszahlen (Zufallsziffern), die du in der Tabelle findest. Sie wurden von einem Taschenrechner erzeugt.

II. Materialliste:

- Gitterraster (1,5 mm x 1,5 mm)
- Zirkel
- Geodreieck
- Tabelle mit Zufallszahlen

III. Arbeitsanweisungen:

1. Das Rasterquadrat hat eine Seitenlänge von 100 Kästchen.
    Das Quadrat hat somit eine Seitenlänge von 150 mm.

2. In dieses Quadrat zeichnest du den größtmöglichen Kreis, der das Quadrat von innen her berührt. Der Kreis hat einen Radius r = 75 mm.

3. Die Kästchen sind unten und links von 0 bis 99 nummeriert. Es handelt sich also **nicht** um ein Koordinatensystem im üblichen Sinne, weil nämlich Flächen nummeriert sind und nicht die Koordinaten von Punkten. Du kannst jede einzelne klitzekleine Quadratfläche in dem großen Gitterraster mit einer Zahl (z. B. 2109) belegen. Wo findest du dieses kleine Quadrat? Gehe auf das 21. Kästchen auf der waagerechten Achse und gehe dann senkrecht hoch auf das 9. Kästchen. Dort befindet sich das Quadrat 2109. Alles klar?

4. Die Tabelle mit den Zufallszahlen wendest du in folgender Weise an:
    Die ersten beiden Ziffern der vierstelligen Zufallszahl bilden die Nummer der kleinen Quadrates auf der Rechtsachse (x-Achse), die dritte und vierte Ziffer die auf der Hochachse (y-Achse).
    Beispiel: 2356 heißt »Suche das 23. Kästchen auf der waagerechten Achse und gehe dann senkrecht hoch zum 56. Kästchen«.
    Schwärze das Quadrat.

5. Bearbeite die weiteren Zufallsziffern aus der Tabelle nach dem gerade beschriebenen Prinzip. Wie viele Kästchen du einträgst, entscheidest du selbst. Je mehr, desto besser, aber das kostet natürlich Zeit. Wähle gut aus.

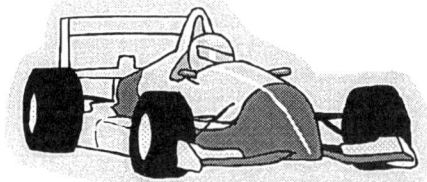

PARCOURS 11:
DIE BERECHNUNG DER KREISFLÄCHE MIT HILFE VON ZUFALLSZAHLEN: DIE BERNOULLI-METHODE

III. Arbeitsanweisungen (Fortsetzung):

6. Wenn du genügend Zufallsziffern bearbeitet hast, beginnst du mit dem Auszählen.
   - Zähle zuerst die geschwärzten Quadrate, die vollständig **im** Kreis liegen.
   - Von den geschwärzten Quadraten, die auf dem Kreisrand liegen, zählst du die Hälfte davonzum Kreisinneren, die andere Hälfte zum Außenbereich des Kreises.
   - Teile das große Quadrat in vier gleich große Teilquadrate auf. Wähle eins davon aus und zähle alle geschwärzten Quadrate in diesem Teilquadrat.
   - Dividiere die Anzahl der geschwärzten Quadrate, die im Kreis liegen (N_{Kr}), durch die Anzahl der geschwärzten Quadrate, die in deinem Teilquadrat liegen (N_{Qu}).

Die Zahl, die du erhältst, sollte etwas größer als 3 sein. Das ist die berühmte Zahl π (sprich Pi). Sie gibt an, wie viele Quadrate mit der Seitenlänge r (Kreisradius) in die Kreisfläche hineinpassen. Wir ersetzen nämlich jetzt die Anzahl der kleinen Quadrate durch die Flächen, in denen sie liegen. Das ist der Trick der Methode.

$$\frac{N_{Kreis}}{N_{Quadrat}} = \frac{Kreisfläche}{Viertelquadratfläche} = \frac{A_{Kreis}}{r^2} = \pi$$

Stelle nun die letzte Teilgleichung nach A_{Kreis} um.

Du erhältst die Gleichung $\qquad A_{Kreis} = r^2 \cdot \pi$

Schau dir einmal die Ziffernfolge von π an.

Kannst du dir vorstellen, dass Yasumasa Kanada 1995 diese Zahl auf eine Tiefe von 6 442 459 000 Stellen berechnet hat.

Aber wenn du meinst, man könnte diese Zahl »in den Griff« gekommen, dann irrst du gewaltig. Die Zahl π ist unendlich lang und sie ist nicht periodisch.

Solche Zahlen nennt man transzendente Zahlen [transcedere (lat.) - übersteigen, überschreiten].

PARCOURS 11:
DIE BERECHNUNG DER KREISFLÄCHE MIT HILFE
VON ZUFALLSZAHLEN: DIE BERNOULLI-METHODE

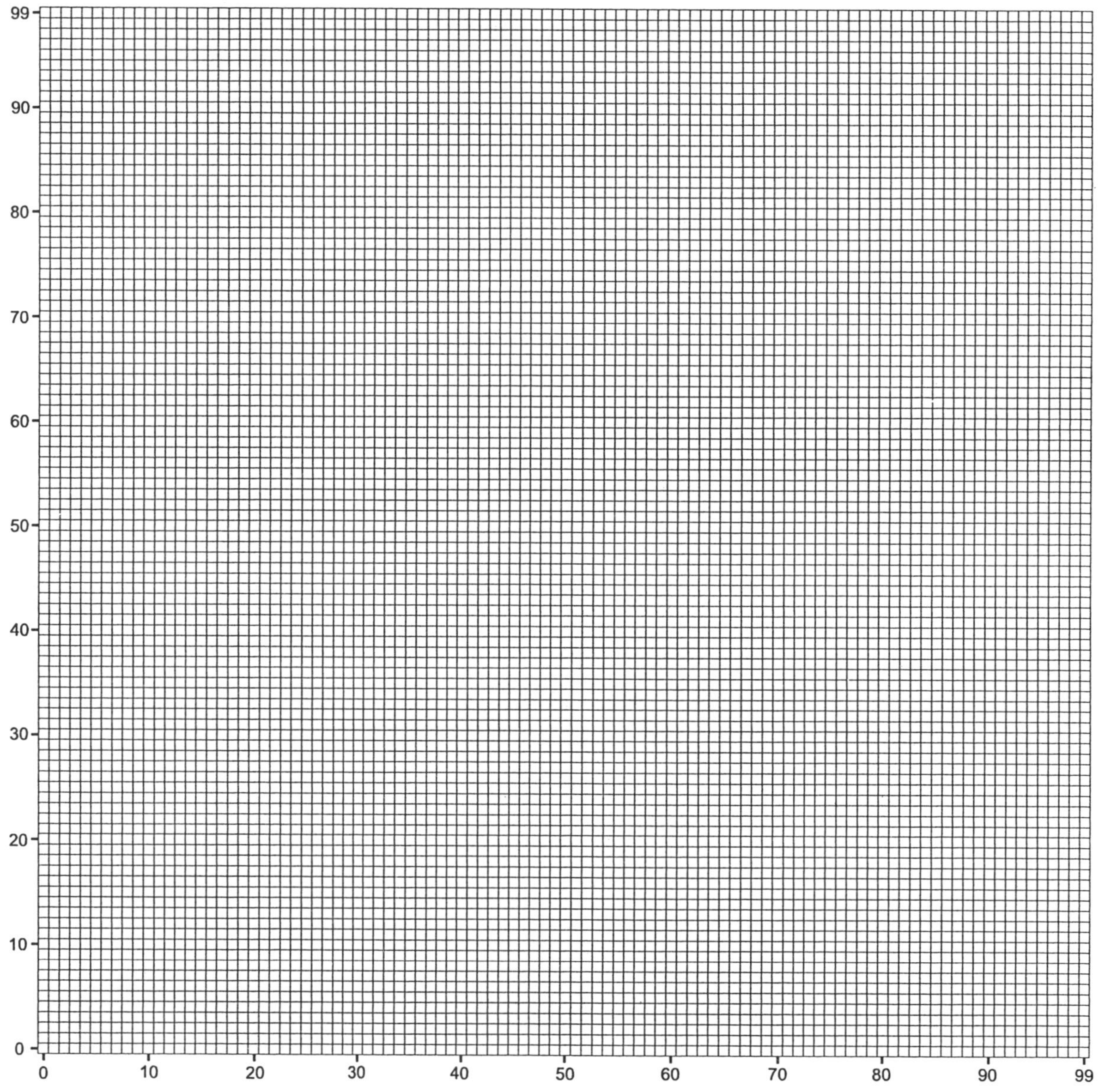

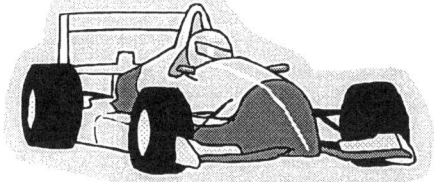

PARCOURS 11:
DIE BERECHNUNG DER KREISFLÄCHE MIT HILFE VON ZUFALLSZAHLEN: DIE BERNOULLI-METHODE

TABELLE MIT ZUFALLSZAHLEN

5481	6163	1715	9377	5689	5301	2112
1537	9294	2628	6713	4016	6282	8090
1382	1616	8677	5519	1663	6530	5241
7466	6125	5111	3843	6635	2439	2362
1616	0150	6246	1271	7816	0211	4368
0074	4676	2745	8159	8660	8433	4789
1779	4114	6730	5650	1412	7744	5742
0159	7566	3402	2449	5441	5470	5855

8544	0306	5378	3620	3451	9403
4524	0017	1041	3157	7939	8159
4205	5384	5474	1807	2483	3255
0295	4440	6352	0258	6785	0190
4969	8667	0364	4490	3393	2559
2654	2557	7369	1606	2208	1914
6531	9162	4302	3799	3237	2191
3765	9634	5990	5776	3866	0606

PARCOURS 11:
DIE BERECHNUNG DER KREISFLÄCHE MIT HILFE VON ZUFALLSZAHLEN: DIE BERNOULLI-METHODE

ERZEUGUNG VON ZUFALLSZAHLEN MIT DEM TI-30 XIIS

Vielleicht interessiert es dich, wie man z. B. mit dem TI-30 XIIS Zufallszahlen erzeugen kann.

Dazu drückst du die **PRB** -Taste.

PRB Abk. für probability [Wahrscheinlichkeit]

Im »Wahrscheinlichkeitsfenster« kannst du noch weiter nach rechts »scrollen«:

RAND Abk. für random [adj. willkürlich; Zufalls-]

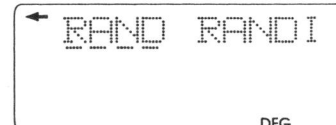

RAND erzeugt eine zufällige reelle Zahl zwischen 0 und 1.

RAND I erzeugt eine zufällige natürliche Zahl zwischen zwei natürlichen Zahlen A und B, wobei gilt: $A \leq RANDI \leq B$.

Vorgehensweise:
Zum Erzeugung einer Folge von Zufallszahlen speicherst du eine natürliche Zahl (Ausgangszahl) größer oder gleich Null unter **rand** ab.
Wie machst du das?

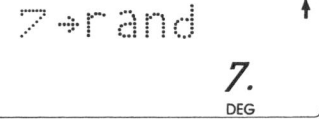

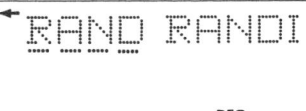

Prof. Dr. Brian Teaser
Stationenlernen: Rund um den Kreis

63

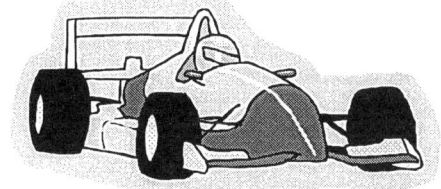

PARCOURS 11:
Die Berechnung der Kreisfläche mit Hilfe von Zufallszahlen: Die Bernoulli-Methode

Erzeugung von Zufallszahlen mit dem TI-30 XIIS

Wenn du die Ziehung der Lottozahlen simulieren möchtest, dann drücke folgende Tasten:

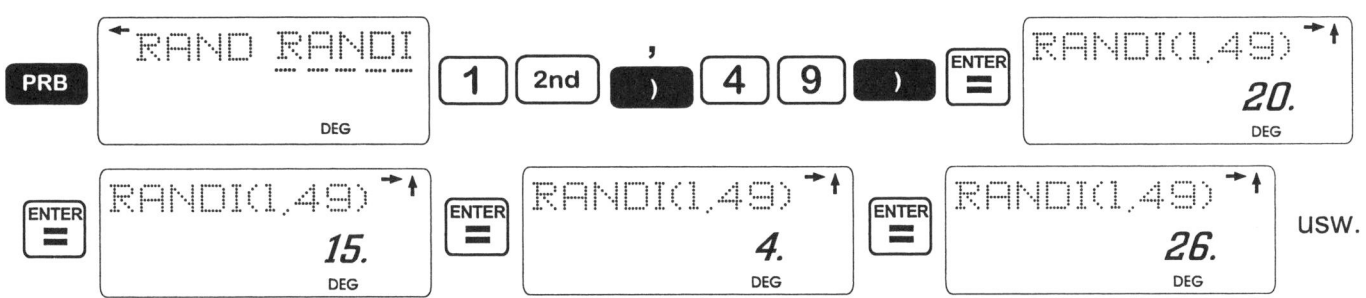

Für die Erstellung der vierstelligen Zufallszahlen zwischen 0000 und 9999 drückst du

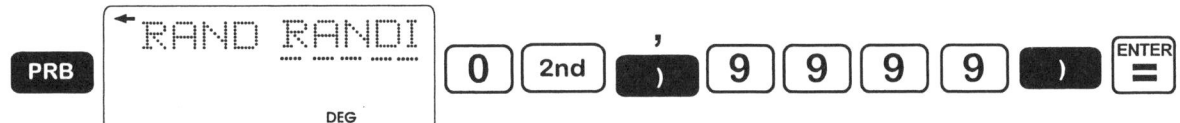

Du erhältst Zufallszahlen wie 2025, 111, 2859, 3605, 1387, 1203, 6986, 1709, 5106, 8329, 9857, 9227, 2680, 3423, 3617, 5401, 6072, 7412, 6698, 6302, 1461, 7911, 8592, 6523, 2464, 7006, 3466, 2105, 7692, 2005, 6532, 7894, 6496, 6414, 2047, 5788, 2167, 5560, 5416, 7715, 9959, 3499, 7774, 1393, 5712, ...

Klar, Zufallszahlen wie 111 oder 89 füllst du mit Nullen auf. Also aus 111 wird 0111, aus 89 wird 0089.

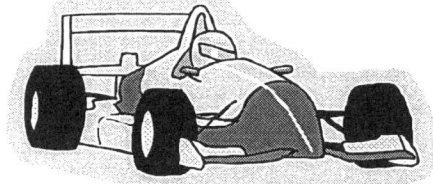

PARCOURS 11:
DIE BERECHNUNG DER KREISFLÄCHE MIT HILFE VON ZUFALLSZAHLEN: DIE BERNOULLI-METHODE

So oder ähnlich muss dein Gitterschema aussehen.

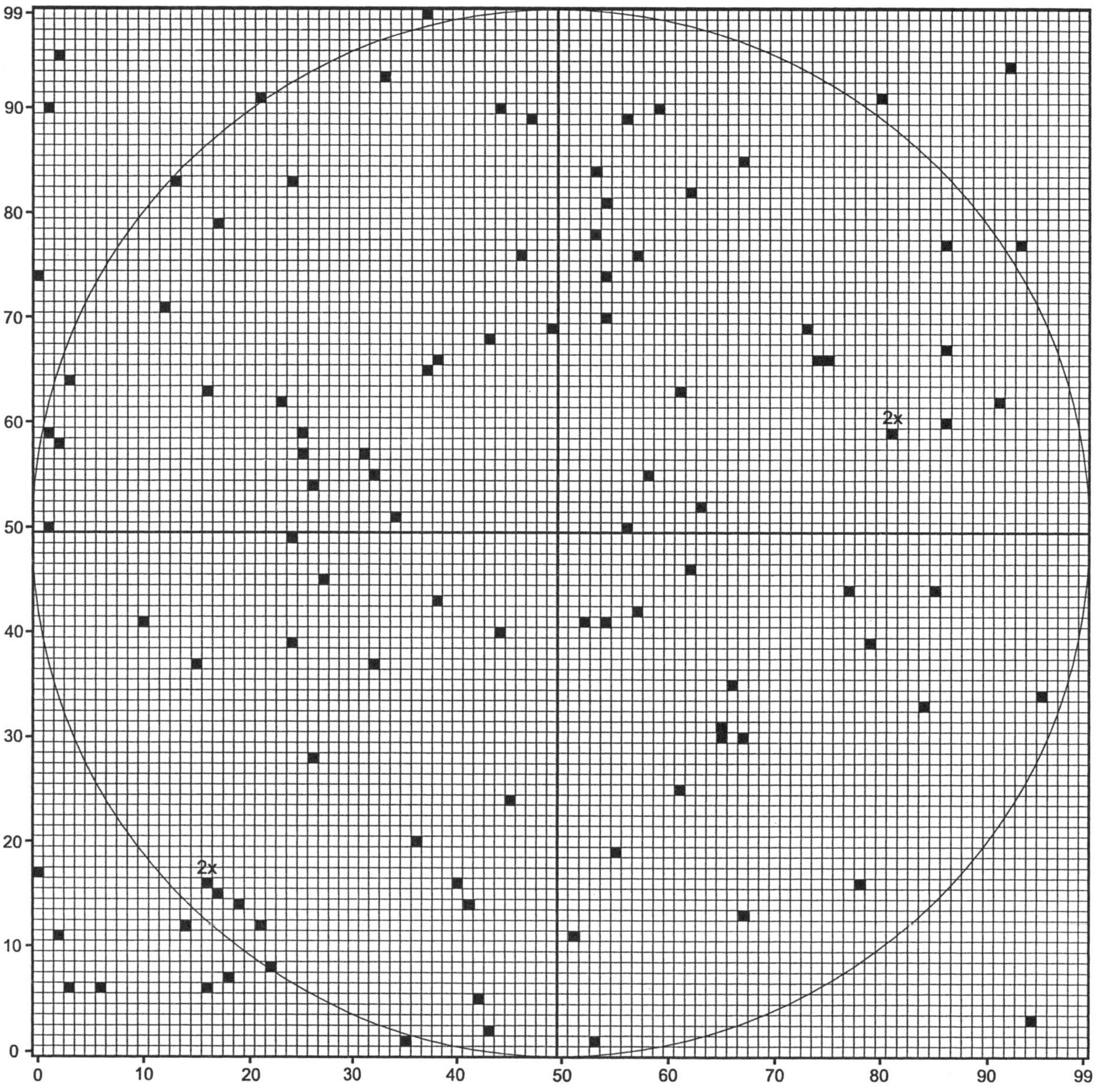

Geschwärzte Quadrate im Kreis 86,5
Geschwärzte Quadrate im 1. Quadrat 29   86,5 : 29 = 2,983
Geschwärzte Quadrate im 2. Quadrat 26   86,5 : 26 = 3,327
Geschwärzte Quadrate im 3. Quadrat 29   86,5 : 29 = 2,983
Geschwärzte Quadrate im 4. Quadrat 20   86,5 : 20 = 4,325

PARCOURS 12:
DIE BERECHNUNG DER KREISFLÄCHE MITHILFE DES KREISUMFANGS I

Suche dir einen Partner oder eine Partnerin!

I. Beschreibung:

An dieser Station erarbeitest du die Formel für den Flächeninhalt des Kreises, wenn dir die Formel für den **Kreisumfang** bereits bekannt ist.

Solltest du diese Umfangsformel nicht kennen, wird es dir trotzdem gelingen, diese Station erfolgreich zu bearbeiten.

Diese Methode benutzt ein regelmäßiges, einbeschriebenes Vieleck (z. B. 6-, 8-, 10-Eck, usw.), bei dem man die Eckenzahl ständig erhöht, damit sich das Vieleck immer besser von innen an den Kreis anschmiegt (s. Abb. 1).

II. Materialliste:

entfällt

III. Arbeitsanweisungen:

Im Folgenden wird die Anzahl der Ecken des regelmäßigen Vielecks, das dem Kreis einbeschrieben ist, mit n benannt, wobei n = 3, 4, 5, ... , also jede Zahl sein darf. Betrachte dir einmal die Abbildung 1. Dort ist - **allerdings nur als Beispiel** - ein 16-Eck in den Kreis gezeichnet.

Abb. 1

Einen der Sektoren - denk an Kuchenstücke - zeichnen wir vergrößert heraus und bringen ein paar Bezeichnungen an:

Abb. 2

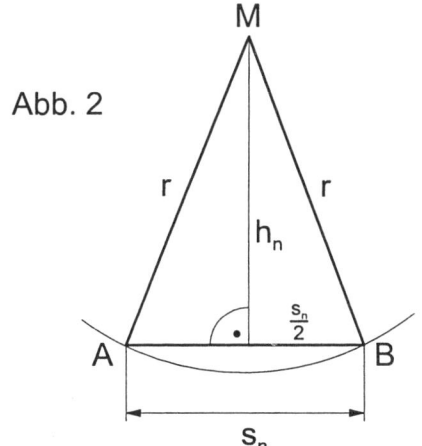

Denke dir aber jetzt nicht nur ein 16-Eck. Stell dir vor, n sei eine beliebige Zahl. s_n gehört dann zu einem regelmäßigen Vieleck mit der Eckenzahl n. Das Kuchenstück wird zwar immer schmaler, aber grundsätzlich unterscheidet es sich nicht von dem Teildreieck in Abbildung 2.

PARCOURS 12:
DIE BERECHNUNG DER KREISFLÄCHE MITHILFE DES KREISUMFANGS I

III. Arbeitsanweisungen (Fortsetzung):

Alles klar?

1. Der Umfang - nennen wir ihn u_n - dieses regelmäßigen n-Ecks wäre dann

    I. $\quad\quad u_n =$ ____ • _____ $\quad\quad$ (1. Hilfe?),

    weil dieses n-Eck nämlich ebenso viele n gleich lange Seiten s_n hat.

2. Wenn $A_{Dreieck}$ der Flächeninhalt eines dieser n Dreiecke ist, aus denen das n-Eck zusammengesetzt ist, dann ist der Flächeninhalt A_n dieses regelmäßigen n-Ecks

    II. $\quad\quad A_n =$ ____ • ____ $\quad\quad$ (2. Hilfe?),

3. Die Formel zur Berechnung der Dreiecksfläche ist

    III. $\quad\quad A_{Dreieck} = \dfrac{\bullet}{\quad}$ $\quad\quad$ (3. Hilfe?),

    wobei .... die Grundseite und .... die Höhe zur Grundseite ist.
    Hast du den Term für die Grundseite .... in die Gleichung III eingesetzt, so bekommst du die Gleichung

    IV. $\quad\quad A_{Dreieck} = \dfrac{\bullet}{\quad}$ $\quad\quad$ (4. Hilfe?) und für

    V. $\quad\quad A_n =$ ____ • ____ • ____ $\quad\quad$ (5. Hilfe?)

    n • s_n ist doch aber nach Gleichung I der Umfang u_n des Vielecks.
    u_n setzen wir nun in die Gleichung V statt des Terms n • s_n ein und erhalten

    VI. $\quad\quad A_n = u_n \cdot \dfrac{h_n}{2}$

    Hier siehst du zum ersten Mal den Zusammenhang zwischen dem Flächeninhalt A_n und dem Umfang u_n des Vielecks.
    Da du dir einen Kreis als Vieleck mit unendlich vielen Ecken vorstellen kannst, steckt also in der Gleichung VI schon die Flächeninhaltsformel für den Kreis drin. Du hast also schon eine Menge dazugelernt!

4. Du bist schon sehr weit, musst aber noch die Höhe h_n berechnen. Das geht nach dem Satz des ...., denn das Dreieck mit den Seiten h_n, r und $\dfrac{s_n}{2}$ ist rechtwinklig.

    (6. Hilfe?)

    Hast du h_n berechnet, so musst du den Term für h_n in die Gleichung VI einsetzen. Ich gebe zu, das sieht recht kompliziert aus. Ich werde dir aber jetzt sehr stark helfen.

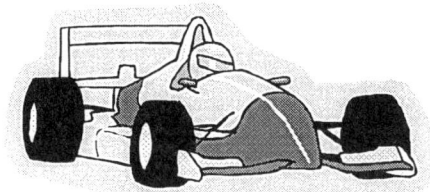

PARCOURS 12:
DIE BERECHNUNG DER KREISFLÄCHE
MITHILFE DES KREISUMFANGS I

III. Arbeitsanweisungen (Fortsetzung):

5. An dieser Stelle benutzen die Mathematiker einen ihnen bekannten Trick, den du nicht wissen kannst. Deshalb erkläre ich dir die nächsten Schritte.

   Du hast jetzt die Gleichung

$$A_n = u_n \cdot \frac{\sqrt{r^2 - \frac{s_n^2}{4}}}{2}$$

Und jetzt der Trick! Wir erweitern jetzt unter der Wurzel $\frac{s_n^2}{4}$ mit r^2.
Das sieht dann so aus:

$$A_n = u_n \cdot \frac{\sqrt{r^2 - \frac{r^2}{r^2} \cdot \frac{s_n^2}{4}}}{2} \qquad \text{Jetzt } r^2 \text{ ausklammern.}$$

$$A_n = u_n \cdot \frac{\sqrt{r^2 \cdot (1 - \frac{s_n^2}{4r^2})}}{2} \qquad \text{Partiell die Wurzel aus } r^2 \text{ ziehen.}$$

$$A_n = u_n \cdot \frac{r}{2} \cdot \sqrt{(1 - \frac{s_n^2}{4r^2})}$$

Mit dem Rechnen bist du jetzt praktisch fertig. Wir machen nun einen raffinierten Gedankengang, du wirst staunen!

Wenn wir nämlich jetzt die Eckenzahl n des Vielecks radikal erhöhen, also praktisch gegen unendlich laufen lassen [*Zeichen für unendlich ∞*], dann nähern sich sowohl

   1. der Flächeninhalt des Vielecks A_n dem Flächeninhalt A_{Kreis} des Kreises an und
   2. der Umfang des Vielecks u_n dem Kreisumfang u_{Kreis}.

Damit geht aber die Länge s_n (Abb. 2, schau sie dir genau an!) gegen den Wert Null!!!
Der Wert $4r^2$ im Nenner ist fest, denn r ist ein fester Wert, nur s_n wird immer kleiner.

Es wird also auch der Term $\frac{s_n^2}{4r^2}$ gegen Null gehen.

Für n ⟶ ∞ wird
$$A_n = u_n \cdot \frac{r}{2} \cdot \sqrt{(1 - \frac{0}{4r^2})}$$

$$A_n = u_n \cdot \frac{r}{2} \cdot \sqrt{(1 - 0)}$$

$$A_n = u_n \cdot \frac{r}{2}$$

Also
$$A_{Kreis} = u_{Kreis} \cdot \frac{r}{2}$$

Da $u_{Kreis} = 2 \cdot \pi \cdot r$ ist, ist damit - Gott sei Dank - die Kreisfläche A_{Kreis} endlich

$$A_{Kreis} = 2\pi r \cdot \frac{r}{2}$$

Formel für den Flächeninhalt des Kreises $A_{Kreis} = \pi \cdot r^2$

Geschafft!

Solch eine Überlegung, in der man eine Zahl n gegen unendlich laufen lässt, nennt man einen Grenzübergang. Er ist sehr vielseitig anwendbar.

PARCOURS 12:

1. HILFE

$u_n = n \cdot s_n$ (*Gleichung I*), denn der Umfang des n-Ecks besteht aus lauter gleich langen Seiten mit der Seitenkante s_n und das n-mal.

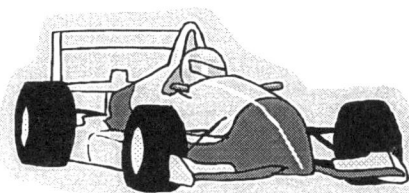

PARCOURS 12:

2. HILFE

$A_n = n \cdot A_{Dreieck}$ (*Gleichung II*), denn es sind n Dreiecke in dem regelmäßigen n-Eck enthalten.

PARCOURS 12:

3. HILFE

$A_{Dreieck} = \dfrac{g \cdot h}{2}$ (*Gleichung III*), wobei die Bezeichnung h für die Höhe in h_n übergeht und die Grundseite $s_n = g$ ist.

PARCOURS 12:

4. HILFE

$A_{Dreieck} = \dfrac{s_n \cdot h_n}{2}$ (*Gleichung IV*)

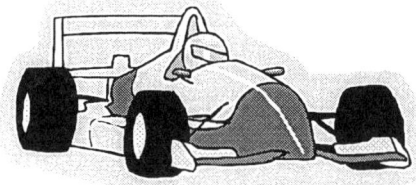

PARCOURS 12:

5. HILFE

$$A_n = n \cdot s_n \cdot \frac{h_n}{2} \qquad (Gleichung\ V)$$

PARCOURS 12:

6. HILFE

Das Dreieck mit den Seiten h_n, r und $\frac{s_n}{2}$ ist ja rechtwinklig, und somit gilt der Satz des Pythagoras.

Du rechnest also mit der guten, alten Formel $a^2 + b^2 = c^2$,

wobei r die Hypotenuse und h_n und $\frac{s_n}{2}$ die beiden Katheten sind.

Eingesetzt bekommst du

$$h_n^2 + \frac{s_n^2}{4} = r^2 \qquad \text{Aufgelöst nach } h_n^2 \text{ erhältst du}$$

$$h_n^2 = r^2 - \frac{s_n^2}{4} \qquad \text{und wenn du die Wurzel ziehst, ergibt sich}$$

$$h_n = \sqrt{r^2 - \frac{s_n^2}{4}}$$

PARCOURS 13:
DIE BERECHNUNG DER KREISFLÄCHE
MITHILFE DES KREISUMFANGS II

Suche dir einen Partner oder eine Partnerin!

I. Beschreibung:

An dieser Station erarbeitest du die Formel für den Flächeninhalt des Kreises, wenn dir die Formel für den **Kreisumfang** bereits bekannt ist.
Solltest du diese Umfangsformel nicht kennen, wird es dir trotzdem gelingen, diese Station erfolgreich zu bearbeiten.
Diese Methode benutzt ein regelmäßiges, einbeschriebenes Vieleck (z. B. 6-, 8-, 10-Eck, usw.), bei dem man die Eckenzahl ständig erhöht, damit sich das Vieleck immer besser von innen an den Kreis anschmiegt (s. Abb. 1).

II. Materialliste:

entfällt

III. Arbeitsanweisungen:

Im Folgenden wird die Anzahl der Ecken des regelmäßigen Vielecks, das dem Kreis einbeschrieben ist, mit n benannt, wobei n = 3, 4, 5, ... , also jede Zahl sein darf.
Betrachte dir einmal die Abbildung 1. Dort ist - **allerdings nur als Beispiel** - ein 16-Eck in den Kreis gezeichnet.

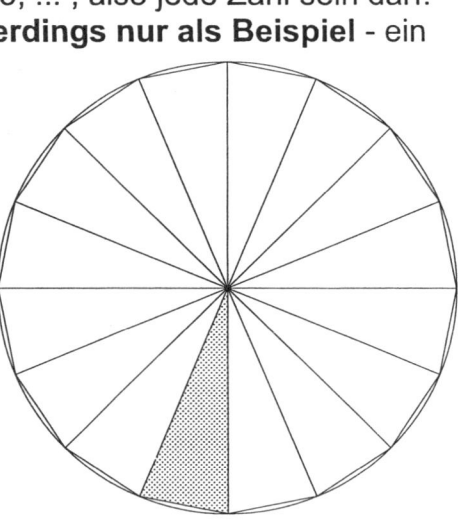

Abb. 1

Einen der Sektoren - denk an Kuchenstücke - zeichnen wir vergrößert heraus und bringen ein paar Bezeichnungen an:

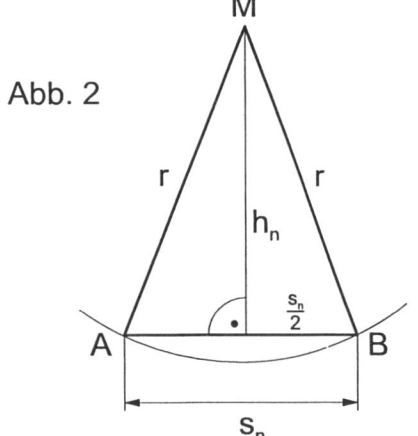

Abb. 2

Denke dir aber jetzt nicht nur ein 16-Eck. Stell dir vor, n sei eine beliebige Zahl. s_n gehört dann zu einem regelmäßigen Vieleck mit der Eckenzahl n. Das Kuchenstück wird zwar immer schmaler, aber grundsätzlich unterscheidet es sich nicht von dem Teildreieck in Abbildung 2.

PARCOURS 13:
DIE BERECHNUNG DER KREISFLÄCHE MITHILFE DES KREISUMFANGS II

III. Arbeitsanweisungen (Fortsetzung):

Alles klar?

1. Der Umfang - nennen wir ihn u_n - dieses regelmäßigen n-Ecks wäre dann

   I. $u_n =$ ____ • _____   (1. Hilfe?),

   weil dieses n-Eck nämlich ebenso viele n gleich lange Seiten s_n hat.

2. Wenn $A_{Dreieck}$ der Flächeninhalt eines dieser n Dreiecke ist, aus denen das n-Eck zusammengesetzt ist, dann ist der Flächeninhalt A_n dieses regelmäßigen n-Ecks

   II. $A_n =$ ____ • ____   (2. Hilfe?),

3. Die Formel zur Berechnung der Dreiecksfläche ist

   III. $A_{Dreieck} = \dfrac{\bullet}{\quad}$ (3. Hilfe?),

   wobei .... die Grundseite und .... die Höhe zur Grundseite ist. Hast du den Term für die Grundseite .... in die Gleichung III eingesetzt, so bekommst du die Gleichung

   IV. $A_{Dreieck} = \dfrac{\bullet}{\quad}$ (4. Hilfe?) und für

   V. $A_n =$ ____ • ____ • ____   (5. Hilfe?)

   $n • s_n$ ist doch aber nach Gleichung I der Umfang u_n des Vielecks. u_n setzen wir nun in die Gleichung V statt des Terms $n • s_n$ ein und erhalten

   VI. $A_n = u_n • \dfrac{h_n}{2}$

Hier siehst du zum ersten Mal den Zusammenhang zwischen dem Flächeninhalt A_n und dem Umfang u_n des Vielecks. Da du dir einen Kreis als Vieleck mit unendlich vielen Ecken vorstellen kannst, steckt also in der Gleichung VI schon die Flächeninhaltsformel für den Kreis drin. Du hast also schon eine Menge dazugelernt!

Mit dem Rechnen bist du jetzt praktisch fertig. Wir machen nun einen raffinierten Gedankengang, du wirst staunen!
Wenn wir nämlich jetzt die Eckenzahl n des Vielecks radikal erhöhen, also praktisch gegen unendlich laufen lassen [*Zeichen für unendlich ∞*] , dann nähern sich sowohl

     1. der Flächeninhalt des Vielecks A_n dem Flächeninhalt A_{Kreis} des Kreises an und
     2. der Umfang des Vielecks u_n dem Kreisumfang u_{Kreis}.

Damit geht aber die Länge h_n (Abb. 2, schau sie dir genau an!) in den Kreisradius r über.

Aus   VI. $A_n = u_n • \dfrac{h_n}{2}$ wird also   VII. $A_{Kreis} =$ (6. Hilfe?)

Da $u_{Kreis} = 2 • \pi • r$ ist, erhältst du nach Einsetzen in Gleichung VII endlich

     VIII. $A_{Kreis} =$ (7. Hilfe?) und endlich

$$A_{Kreis} = \quad • r^2$$

Jetzt hast du alles geschafft und bist Spitze!

PROF. DR. BRIAN TEASER

Stationenlernen: Rund um den Kreis

PARCOURS 13:

1. HILFE

$u_n = n \cdot s_n$ (*Gleichung I*), denn der Umfang des n-Ecks besteht aus lauter gleich langen Seiten mit der Seitenkante s_n und das n-mal.

PARCOURS 13:

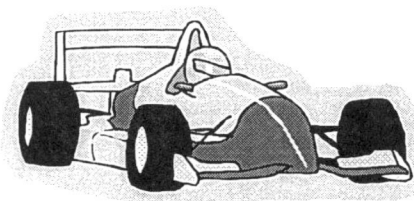

2. HILFE

$A_n = n \cdot A_{Dreieck}$ (*Gleichung II*), denn es sind n Dreiecke in dem regelmäßigen n-Eck enthalten.

PARCOURS 13:

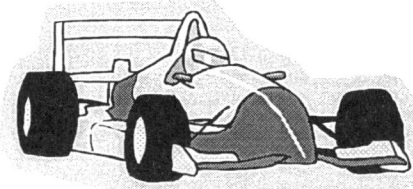

3. HILFE

$A_{Dreieck} = \dfrac{g \cdot h}{2}$ (*Gleichung III*), wobei die Bezeichnung h für die Höhe in h_n übergeht und die Grundseite $s_n = g$ ist.

PARCOURS 13:

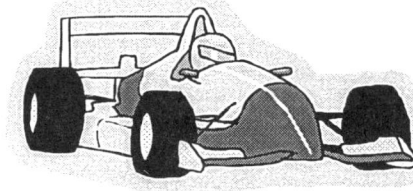

4. HILFE

$A_{Dreieck} = \dfrac{s_n \cdot h_n}{2}$ (*Gleichung IV*)

PARCOURS 13:

5. HILFE

$A_n = n \cdot s_n \cdot \dfrac{h_n}{2}$ (*Gleichung V*)

PARCOURS 13:

6. HILFE

$A_{Kreis} = u_{Kreis} \cdot \dfrac{r}{2}$, denn u_n geht in u_{Kreis} über und h_n geht in r über, wenn A_n in A_{Kreis} übergeht.

PARCOURS 13:

7. HILFE

$A_{Kreis} = 2 \cdot \pi \cdot r \cdot \dfrac{r}{2}$

$A_{Kreis} = \pi \cdot r^2$